この印刷物は、
植物性大豆油インキを使用しています。

国土交通省大臣官房官庁営繕部監修

公共建築改修工事標準仕様書
（電気設備工事編）

令和4年版

一般財団法人 建築保全センター

公共建築改修工事標準仕様書(電気設備工事編) 令和4年版発刊にあたって

「官庁営繕関係基準類等の統一化に関する関係省庁連絡会議」において、建築物の品質・性能等の確保、設計図書作成の省力化及び施工の合理化を目的として、「公共建築改修工事標準仕様書(電気設備工事編)」(以下、「改修標準仕様書」という。)が3年ごとに改定されており、この度、令和4年3月に、令和4年版が制定されました。

それに伴い、当センターでは、改修標準仕様書を、利用者が見やすいように編集を行うとともに、巻末には利用者の利便を図って、参考資料を付けたものを作成し、国土交通省大臣官房官庁営繕部の監修を受けて、発刊致しました。

なお、改修標準仕様書は、平成15年3月に、各省庁の「統一基準」として決定されており、平成15年度からは、各省庁等の営繕工事に適用されています。

本書が、改修標準仕様書を適用する電気設備改修工事の発注者、設計者及び工事監理者並びに受注者等の方々に、幅広く活用されることを願うものであります。

令和4年5月

一般財団法人　建築保全センター

理事長　奥田　修一

公共建築改修工事標準仕様書について

1. 目的・概要

　公共建築改修工事標準仕様書（以下「改修標準仕様書」という。）は、公共工事標準請負契約約款に準拠した契約書により発注される公共建築工事において使用する材料（機材）、工法等について標準的な仕様を取りまとめたものであり、当該工事の設計図書に適用する旨を記載することで請負契約における契約図書の一つとして適用されるものです。改修標準仕様書の適用により、建築物の品質及び性能の確保、設計図書作成の効率化並びに施工の合理化を図ることを目的としています。

　また、改修標準仕様書は、各府省庁が官庁営繕事業を実施するための「統一基準」として位置づけられており、その改定周期は3年となっています。

2. 適用範囲等

　改修標準仕様書は、主に一般的な事務庁舎の模様替及び修繕に係る公共建築工事への適用を想定して作成されています。

3. 記載している材料（機材）・工法等

　全国で実施される公共建築工事において建築物に必要な品質及び性能を確保するため、改修標準仕様書に記載している材料（機材）、工法等については、主に次の内容を考慮しています。

> ・規格が統一化又は標準化されていること。
> ・信頼性及び耐久性を有し、安全性及び環境保全性が確保されていること。
> ・地域的に偏在したものでなく、全国的な市場性があること。
> ・特許等に関連するもの又は特定の企業等に限定されるものではないこと。
> ・適切な実績があること。

4. 適用に当たっての留意事項

　発注者及び設計者は、対象とする建築物の用途や規模等に応じて、適切な材料（機材）、工法等を選定し、設計図書に仕様を特記する必要があります。

　なお、改修標準仕様書に記載している材料（機材）、工法等以外のものを採用する場合には、選定した材料（機材）、工法等を設計図書に特記して下さい。

目　　次

第1編　　一般共通事項

第1章　一般事項

第1節　総　　則

1.1.1 適　　用

(1) 公共建築改修工事標準仕様書（電気設備工事編）（以下「改修標準仕様書」という。）は、建築物等の模様替及び修繕（以下「改修」という。）に係る電気設備工事に適用する。

(2) 改修標準仕様書に規定する事項は、別の定めがある場合を除き、受注者の責任において履行する。

(3) 全ての設計図書は、相互に補完する。ただし、設計図書間に相違がある場合の優先順位は、次の(ア)から(オ)までの順番のとおりとし、これにより難い場合は、1.1.8「疑義に対する協議等」による。

　(ア) 質問回答書（(イ)から(オ)までに対するもの）
　(イ) 現場説明書
　(ウ) 特記仕様
　(エ) 図面
　(オ) 改修標準仕様書

1.1.2 用語の定義

改修標準仕様書の用語の意義は、次による。

　(ア) 「監督職員」とは、契約書に基づく監督職員、監督員又は監督官をいう。

　(イ) 「受注者等」とは、当該工事請負契約の受注者又は契約書に基づく現場代理人をいう。

　(ウ) 「監督職員の承諾」とは、受注者等が監督職員に対し、書面で申し出た事項について、監督職員が書面をもって了解することをいう。

　(エ) 「監督職員の指示」とは、監督職員が受注者等に対し、必要な事項を書面によって示すことをいう。

　(オ) 「監督職員と協議」とは、監督職員と受注者等とが結論を得るために合議し、その結果を書面に残すことをいう。

　(カ) 「監督職員の検査」とは、施工の各段階で、受注者等が確認した施工状況、機器及び材料の試験結果等について、受注者等から提出された品質管理記録に基づき、監督職員が設計図書との適否を判断することをいう。

　　なお、「品質管理記録」とは、品質管理として実施した項目、

方法等について確認できる資料をいう。

㈔ 「監督職員の立会い」とは、監督職員が臨場により、必要な指示、承諾、協議、検査及び調整を行うことをいう。

㈗ 「監督職員に報告」とは、受注者等が監督職員に対し、工事の状況又は結果について書面をもって知らせることをいう。

㈘ 「監督職員に提出」とは、受注者等が監督職員に対し、工事に関わる書面又はその他の資料を説明し、差し出すことをいう。

㈙ 「品質計画」とは、設計図書で要求された品質を満たすために、受注者等が、工事における工法等の精度等の目標、品質管理及び体制について具体的に示すことをいう。

㈚ 「品質管理」とは、品質計画における目標を施工段階で実現するために行う管理の項目、方法等をいう。

㈛ 「特記」とは、1.1.1「適用」(3)㈎から㈓までに指定された事項をいう。

㈜ 「書面」とは、発行年月日及び氏名が記載された文書をいう。

㈝ 「工事関係図書」とは、実施工程表、施工計画書、施工図等、工事写真その他これらに類する施工、試験等の報告及び記録に関する図書をいう。

㈞ 「施工図等」とは、施工図、製作図その他これらに類するもので、契約書に基づく工事の施工のための詳細図等をいう。

㈟ 「JIS」とは、産業標準化法(昭和24年法律第185号)に基づく日本産業規格をいう。

㈠ 「一工程の施工」とは、施工の工程において、同一の材料を用い、同一の施工方法により作業が行われる場合で、監督職員の承諾を受けたものをいう。

㈡ 「工事検査」とは、契約書に基づく工事の完成の確認、部分払の請求に係る出来形部分等の確認及び部分引渡しの指定部分に係る工事の完成の確認をするために発注者又は検査職員が行う検査をいう。

㈢ 「技術検査」とは、公共工事の品質確保の促進に関する法律(平成17年法律第18号)に基づき、工事中及び完成時の施工状況の確認及び評価をするために、発注者又は検査職員が行う検査をいう。

㈣ 「概成工期」とは、建築物等の使用を想定して総合試運転調整を行う上で、契約書に基づく関連工事及び設計図書に明示された他の発注者の発注に係る工事を含めた各工事が支障のない状態にまで完了しているべき期限をいう。

㈤ 「必要に応じて」とは、これに続く事項について、受注者等が施工上の措置を判断すべき場合においては、あらかじめ監督職員

の承諾を受けて対処すべきことをいう。

　　㈁　「原則として」とは、これに続く事項について、受注者等が遵守すべきことをいうが、あらかじめ監督職員の承諾を受けた場合又は「ただし書」のある場合は、他の手段によることができることをいう。

　　㈨　「標準仕様書」とは、公共建築工事標準仕様書（電気設備工事編）をいう。

　　㈥　「標準図」とは、公共建築設備工事標準図（電気設備工事編）をいう。

1.1.3
官公署その他へ
の届出手続等

(1)　工事の着手、施工及び完成に当たり、関係法令等に基づく官公署その他の関係機関への必要な届出手続等を遅滞なく行う。

(2)　(1)に規定する届出手続等を行うに当たり、届出内容について、あらかじめ監督職員に報告する。

(3)　関係法令等に基づく官公署その他の関係機関の検査に必要な資機材、労務等を提供する。

1.1.4
工事実績情報
システム
（CORINS）へ
の登録

(1)　工事実績情報システム（CORINS）への登録が特記された場合は、登録内容について、あらかじめ監督職員の確認を受けた後、次に示す期間内に登録機関へ登録申請を行う。ただし、期間には、行政機関の休日に関する法律（昭和63年法律第91号）に定める行政機関の休日は含まない。

　　㈠　工事受注時　契約締結後10日以内

　　㈡　登録内容の変更時　変更契約締結後10日以内

　　㈢　工事完成時　工事完成後10日以内

　　　なお、変更登録は、工期、技術者等の変更が生じた場合に行う。

(2)　登録後は、登録されたことを証明する資料を、監督職員に提出する。

　　なお、変更時と工事完成時の間が10日に満たない場合は、変更時の登録されたことを証明する資料の提出を省略できる。

1.1.5
書面の書式及び
取扱い

(1)　書面を提出する場合の書式（提出部数を含む。）は、公共建築工事標準書式によるほか、監督職員と協議する。

(2)　改修標準仕様書において書面により行わなければならないこととされている「監督職員の承諾」、「監督職員の指示」、「監督職員と協議」、「監督職員に報告」及び「監督職員に提出」については、電子

メール等の情報通信の技術を利用する方法を用いて行うことができる。

(3)　施工体制台帳及び施工体系図については、建設業法（昭和24年法律第100号）及び公共工事の入札及び契約の適正化の促進に関する法律（平成12年法律第127号）に基づき作成し、写しを監督職員に提出する。

1.1.6
設計図書等の取扱い

(1)　設計図書及び設計図書において適用される必要な図書を工事現場に備える。

(2)　設計図書及び工事関係図書を、工事の施工の目的以外で第三者に使用又は閲覧させてはならない。また、その内容を漏洩してはならない。ただし、使用又は閲覧について、あらかじめ監督職員の承諾を受けた場合は、この限りでない。

1.1.7
関連工事等の調整

契約書に基づく関連工事及び設計図書に明示された他の発注者の発注に係る工事（以下「関連工事等」という。）について、監督職員の調整に協力し、当該工事関係者とともに、工事全体の円滑な施工に努める。

1.1.8
疑義に対する協議等

(1)　設計図書に定められた内容に疑義が生じた場合又は現場の納まり、取合い等の関係で、設計図書によることが困難若しくは不都合が生じた場合は、監督職員と協議する。

(2)　(1)の協議を行った結果、設計図書の訂正又は変更を行う場合の措置は、契約書の規定による。

(3)　(1)の協議を行った結果、設計図書の訂正又は変更に至らない事項は、記録を整備する。

1.1.9
工事の一時中止に係る事項

次の(ア)から(オ)までのいずれかに該当し、工事の一時中止が必要となった場合は、直ちにその状況を監督職員に報告する。

(ア)　埋蔵文化財調査の遅延又は埋蔵文化財が新たに発見された場合

(イ)　関連工事等の進捗が遅れた場合

(ウ)　工事の着手後、周辺環境問題等が発生した場合

(エ)　第三者又は工事関係者の安全を確保する場合

(オ)　暴風、豪雨、洪水、高潮、地震、地すべり、落盤、火災、騒乱、暴動その他の自然的又は人為的な事象で、受注者の責めに帰する

ことができない事由により、工事目的物等に損害を生じた場合又は工事現場の状態が変動した場合

1.1.10
工期の変更に係る資料の提出

契約書に基づく工期の変更についての発注者との協議に当たり、協議の対象となる事項について、必要とする変更日数の算出根拠、変更工程表その他の協議に必要な資料を、あらかじめ監督職員に提出する。

1.1.11
特 許 の 出 願 等

工事の施工上の必要から材料、施工方法等を考案し、これに関する特許の出願等を行う場合は、あらかじめ発注者と協議する。

1.1.12
埋蔵文化財その他の物件

工事の施工に当たり、埋蔵文化財その他の物件を発見した場合は、直ちにその状況を監督職員に報告する。その後の措置については、監督職員の指示に従う。

なお、工事に関連した埋蔵文化財その他の物件の発見に係る権利は、発注者に帰属する。

1.1.13
関係法令等の遵守

工事の施工に当たり、関係法令等に基づき、工事の円滑な進行を図る。

第2節　工事関係図書

1.2.1
実 施 工 程 表

(1) 工事の着手に先立ち、実施工程表を作成し、監督職員の承諾を受ける。
(2) 実施工程表の作成に当たり、関連工事等の関係者と調整の上、十分検討する。
(3) 契約書に基づく条件変更等により、実施工程表を変更する必要が生じた場合は、施工等に支障がないよう実施工程表を直ちに変更し、当該部分の施工に先立ち、監督職員の承諾を受ける。
(4) (3)によるほか、実施工程表の内容を変更する必要が生じた場合は、監督職員に報告するとともに、施工等に支障がないように適切な措置を講ずる。
(5) 監督職員の指示を受けた場合は、実施工程表の補足として、週間工程表、月間工程表、工種別工程表等を作成し、監督職員に提出す

る。

(6)　概成工期が特記された場合は、実施工程表にこれを明記する。

1.2.2 施 工 計 画 書

(1)　工事の着手に先立ち、工事の総合的な計画をまとめた施工計画書（総合施工計画書）を作成し、監督職員に提出する。

(2)　施工計画書の作成に当たり、関連工事等の関係者と調整の上、十分検討する。

(3)　品質計画、施工の具体的な計画並びに一工程の施工の確認内容及びその確認を行う段階を定めた施工計画書（工種別施工計画書）を、工事の施工に先立ち作成し、監督職員に提出する。ただし、あらかじめ監督職員の承諾を受けた場合は、この限りでない。

(4)　(1)及び(3)の施工計画書のうち、品質計画に係る部分については、監督職員の承諾を受ける。また、品質計画に係る部分について変更が生じる場合は、監督職員の承諾を受ける。

(5)　施工計画書の内容を変更する必要が生じた場合は、監督職員に報告するとともに、施工等に支障がないように適切な措置を講ずる。

1.2.3 施 工 図 等

(1)　施工図等を工事の施工に先立ち作成し、監督職員の承諾を受ける。ただし、あらかじめ監督職員の承諾を受けた場合は、この限りでない。

(2)　施工図等の作成に当たり、関連工事等との納まり等について、当該工事関係者と調整の上、十分検討する。

(3)　施工図等の内容を変更する必要が生じた場合は、監督職員に報告するとともに、施工等に支障がないように適切な措置を講じ、監督職員の承諾を受ける。

1.2.4 工事の記録等

(1)　契約書に基づく履行報告に当たり、報告に用いる書式等は、特記による。

(2)　監督職員が指示した事項及び監督職員と協議した結果について、記録を整備する。

(3)　工事の施工に当たり、試験を行った場合は、直ちに記録を作成する。

(4)　次の(ア)から(エ)までのいずれかに該当する場合は、施工の記録、工事写真、見本等を整備する。

(ア)　設計図書に定められた施工の確認を行った場合

(イ)　工事の進捗により隠ぺい状態となる等、後日の目視による検査

が不可能又は容易でない部分の施工を行う場合

 (ｳ)　一工程の施工を完了した場合

 (ｴ)　適切な施工であることの証明を監督職員から指示された場合

(5)　(2)から(4)までの記録等について、監督職員より請求されたときは、提示又は提出する。

第3節　工事現場管理

1.3.1
施　工　管　理

(1)　設計図書に適合する工事目的物を完成させるために、施工管理体制を確立し、品質、工程、安全等の施工管理を行う。

(2)　工事の施工に携わる下請負人に、工事関係図書及び監督職員の指示の内容を周知徹底する。

1.3.2
電気保安技術者

(1)　電気工作物に係る工事においては、電気保安技術者をおくものとする。

(2)　電気保安技術者は、次による。

 (ｱ)　事業用電気工作物に係る工事の電気保安技術者は、その電気工作物の工事に必要な電気主任技術者の資格を有する者又はこれと同等の知識及び経験を有する者とする。

 (ｲ)　一般用電気工作物に係る工事の電気保安技術者は、第一種電気工事士又は第二種電気工事士の資格を有する者とする。

(3)　電気保安技術者の資格等を証明する資料を提出し、監督職員の承諾を受ける。

(4)　電気保安技術者は、監督職員の指示に従い、電気工作物の保安業務を行う。

1.3.3
施　工　条　件

(1)　施工日及び施工時間は、次による。

 (ｱ)　行政機関の休日に関する法律に定める行政機関の休日は、施工しない。ただし、設計図書に定めのある場合又はあらかじめ監督職員の承諾を受けた場合は、この限りでない。

 (ｲ)　設計図書に施工日又は施工時間が定められ、これを変更する必要がある場合は、あらかじめ監督職員の承諾を受ける。

 (ｳ)　設計図書に施工時間等が定められていない場合で、夜間に施工する場合は、あらかじめ監督職員の承諾を受ける。

(2)　工事用車両の駐車場所及び資機材の置場所は、特記による。

(3)　振動、騒音、臭気、粉じん等の発生する作業を行う場合は、あらかじめ監督職員の承諾を受ける。

(4)　(1)から(3)まで以外の施工条件は、特記による。

1.3.4
品　質　管　理

(1)　1.2.2「施工計画書」(3)による品質計画に基づき、適切な時期に、必要な品質管理を行う。

(2)　必要に応じて、監督職員の検査を受ける。

(3)　品質管理の結果、疑義が生じた場合は、監督職員と協議する。

1.3.5
施工中の安全確保

(1)　建築基準法（昭和25年法律第201号）、労働安全衛生法（昭和47年法律第57号）その他関係法令等に基づくほか、「建設工事公衆災害防止対策要綱（建築工事等編）」（令和元年9月2日付け国土交通省告示第496号）及び「建築工事安全施工技術指針」（平成7年5月25日付け建設省営監発第13号）を踏まえ、常に工事の安全に留意し、施工に伴う災害及び事故の防止に努める。

(2)　同一場所にて関連工事等が行われる場合で、監督職員から労働安全衛生法に基づく指名を受けたときは、同法に基づく必要な措置を講ずる。

(3)　気象予報、警報等について、常に注意を払い、災害の予防に努める。

(4)　工事の施工に当たり、工事箇所並びにその周辺にある地上及び地下の既設構造物、既設配管等に対して、支障をきたさないよう、施工方法等を定める。ただし、これにより難い場合は、監督職員と協議する。

(5)　工事の施工に当たり、近隣等との折衝は、次による。また、その経過について記録し、直ちに監督職員に報告する。

(ｱ)　地域住民等と工事の施工上必要な折衝を行うものとし、あらかじめその概要を監督職員に報告する。

(ｲ)　工事に関して、第三者から説明の要求又は苦情があった場合は、直ちに誠意をもって対応する。

1.3.6
火気の取扱い

建物内の火気の使用は、原則として、行わない。ただし、やむを得ず火気を使用する場合又は作業で火花等が発生する場合は、火気等の取扱いに十分注意するとともに、次に示す火災防止の措置を講ずる。

(ｱ)　使用する火気に適した種類及び容量の消火器等を設置する。

(ｲ)　火気の使用箇所付近に、可燃性のもの及び危険性があるものは、

置かない。

(ウ)　火気の使用箇所付近は、防炎シート等による養生及び火花の飛散防止措置を講ずる。

(エ)　作業終了後は、十分に点検を行い、異常のないことを確認する。

1.3.7
交通安全管理

工事材料、土砂等の搬送計画及び通行経路の選定その他車両の通行に関する事項について、関係機関と調整の上、交通安全の確保に努める。

1.3.8
災害等発生時の安全確保

災害及び事故が発生した場合は、人命の安全確保を全てに優先させるとともに、二次災害が発生しないよう工事現場の安全確保に努め、直ちにその経緯を監督職員に報告する。

1.3.9
施工中の環境保全等

(1)　建築基準法、建設工事に係る資材の再資源化等に関する法律（平成12年法律第104号。以下「建設リサイクル法」という。）、環境基本法（平成5年法律第91号）、騒音規制法（昭和43年法律第98号）、振動規制法（昭和51年法律第64号）、大気汚染防止法（昭和43年法律第97号）、水質汚濁防止法（昭和45年法律第138号）、廃棄物の処理及び清掃に関する法律（昭和45年法律第137号。以下「廃棄物処理法」という。）、土壌汚染対策法（平成14年法律第53号）、資源の有効な利用の促進に関する法律（平成3年法律第48号。以下「資源有効利用促進法」という。）その他関係法令等に基づくほか、「建設副産物適正処理推進要綱」（平成5年1月12日付け建設省経建発第3号）を踏まえ、工事の施工の各段階において、騒音、振動、粉じん、臭気、大気汚染、水質汚濁等の影響が生じないよう、周辺の環境保全に努める。

(2)　塗料その他の化学製品の取扱いに当たり、当該製品の製造者が作成したJIS Z 7253「GHSに基づく化学品の危険有害性情報の伝達方法－ラベル、作業場内の表示及び安全データシート（SDS）」による安全データシート（SDS）を常備し、記載内容の周知徹底を図るため、ラベル等により、取扱う化学品の情報を作業場内に表示し、作業者の健康、安全の確保及び環境保全に努める。

(3)　工事期間中は、作業環境の改善、工事現場の美化等に努める。

1.3.10
既存部分等への
処置

(1)　工事目的物の施工済み部分等については、汚損しないよう適切な養生を行う。
(2)　既存部分の養生は、第7節「養生」による。
(3)　工事施工に当たり、既存部分を汚損した場合は、監督職員に報告するとともに承諾を受けて原状に準じて補修する。

1.3.11
後　片　付　け

(1)　作業終了時には、適切な後片付け及び清掃を行う。
(2)　工事の完成に当たり、当該工事に関する部分の後片付け及び清掃を行う。

第4節　機器及び材料

1.4.1
環境への配慮

(1)　使用する機器及び材料（以下「機材」という。）は、国等による環境物品等の調達の推進等に関する法律（平成12年法律第100号。以下「グリーン購入法」という。）に基づき、環境負荷を低減できる機材の選定に努める。
(2)　使用する材料は、揮発性有機化合物の放散による健康への影響に配慮し、かつ、石綿を含有しないものとする。

1.4.2
機材の品質等

(1)　使用する機材は、設計図書に定める品質及び性能を有する新品とする。ただし、仮設に使用する機材は、新品に限らない。
　　なお、「新品」とは、品質及び性能が製造所から出荷された状態であるものを指し、製造者による使用期限等の定めがある場合を除き、製造後一定期間内であることを条件とするものではない。
(2)　使用する機材が、設計図書に定める品質及び性能を有することの証明となる資料（試験成績書等）を、監督職員に提出する。ただし、設計図書においてJISによると指定された機材でJISマーク表示のある機材を使用する場合及びあらかじめ監督職員の承諾を受けた場合は、資料の提出を省略することができる。
(3)　工事現場でのコンクリートに使用するせき板の材料として合板を使用する場合は、グリーン購入法の基本方針の判断の基準に従い、「木材・木材製品の合法性、持続可能性の証明のためのガイドライン」（平成18年2月15日林野庁）に準拠した内容の板面表示等により合法性を確認し、監督職員に報告する。

(4)　調合を要する材料は、調合表等を監督職員に提出する。

(5)　機材の色等については、監督職員の指示を受ける。

(6)　設計図書に定める規格等が改正された場合は、1.1.8「疑義に対する協議等」による。

1.4.3
再 使 用 機 材

(1)　取外し後再使用と特記された機材は、次による。

　(ｱ)　取外し前に状態及び機能の確認を行い、機材に損傷を与えないように取外す。

　(ｲ)　取外し後に再使用する機材をウェス等で清掃する。

　　　なお、特別な清掃を行う場合は特記による。

　(ｳ)　取外し後再使用までの間は、機材の性能、機能に支障がないよう適切に養生を行い、保管する。

　　　なお、保管場所は監督職員と協議する。

(2)　取外し後再使用するに当たり、機材の性能、機能に疑義が生じた場合は、監督職員と協議する。

1.4.4
機 材 の 搬 入

　機材は工事現場へ搬入ごとに、監督職員に報告する。ただし、あらかじめ監督職員の承諾を受けた場合は、この限りでない。

1.4.5
機材の検査等

(1)　工事現場に搬入した機材は、種別ごとに監督職員の検査を受ける。ただし、あらかじめ監督職員の承諾を受けた場合は、この限りでない。

(2)　(1)による検査の結果、合格した機材と同じ種別の機材は、以後、抽出検査とすることができる。ただし、監督職員の指示を受けた場合は、この限りでない。

(3)　(1)による検査の結果、不合格となった機材は、直ちに工事現場外に搬出する。

1.4.6
機材の検査に伴う試験

(1)　試験は、次の場合に行う。

　(ｱ)　設計図書に定められた場合

　(ｲ)　試験によらなければ、設計図書に定められた条件に適合することが証明できない場合

(2)　試験方法はJIS、JEC（電気学会電気規格調査会標準規格）、JEM（日本電機工業会規格）等に定めのある場合は、これによる。

(3)　試験が完了したときは、その試験成績書を監督職員に提出する。

1.4.7
機 材 の 保 管

　搬入した機材は、工事に使用するまで、破損、変質等がないように保管する。
　なお、搬入した機材のうち、破損、変質等により工事に使用することが適当でないと監督職員の指示を受けたものは、工事現場外に搬出する。

第5節　施工調査

1.5.1
施工計画調査

　工事の着手に先立ち、実施工程表及び施工計画書作成のための調査及び打合せを行う。

1.5.2
事 前 調 査

　施工に先立ち、設計図書に定められた調査を行い、監督職員に報告する。

1.5.3
事 前 打 合 せ

　次の関係者と当該工事に必要な打合せを行う。
　㋐　入居官署
　㋑　当該施設の電気主任技術者
　㋒　関係官公庁（建築主事、消防署等）
　㋓　電気事業者、通信事業者
　㋔　その他

第6節　施　工

1.6.1
施　　　　工

　施工は、設計図書、実施工程表、施工計画書、施工図等に基づき行う。

1.6.2
一工程の施工の
事前確認

(1)　一工程の施工に先立ち、次の項目について監督職員に報告する。
　㋐　施工前の調査の期間及びその時間帯
　㋑　工種別又は部位別の施工順序及び施工可能時間帯
　㋒　工種別又は部位別の足場その他仮設物の設置範囲及びその期間
(2)　第2編以降の2.1.1「事前確認」による項目を確認し、監督職員

に報告する。

1.6.3
一工程の施工の確認及び報告

　一工程の施工を完了したとき又は工程の途中において監督職員の指示を受けた場合は、その施工が設計図書に適合することを確認し、適時、監督職員に報告する。
　なお、確認及び報告は、監督職員の承認を受けた者が行う。

1.6.4
施工の検査等

(1)　設計図書に定められた場合又は1.6.3「一工程の施工の確認及び報告」により報告した場合は、監督職員の検査を受ける。
(2)　(1)による検査の結果、合格した工程と同じ機材及び工法により施工した部分は、以後、抽出検査とすることができる。ただし、監督職員の指示を受けた場合は、この限りでない。
(3)　見本施工の実施が特記された場合は、仕上り程度等が判断できる見本施工を行い、監督職員の承諾を受ける。

1.6.5
施工の検査に伴う試験

(1)　試験は、次の場合に行う。
　(ｱ)　設計図書に定められた場合
　(ｲ)　試験によらなければ、設計図書に定められた条件に適合することが証明できない場合
(2)　試験が完了したときは、その試験成績書を監督職員に提出する。

1.6.6
施工の立会い

(1)　設計図書に定められた場合又は監督職員の指示を受けた場合の施工は、監督職員の立会いを受ける。
(2)　監督職員の立会いに必要な資機材、労務等を提供する。

1.6.7
工法等の提案

　設計図書に定められた工法等以外について、次の提案がある場合は、監督職員と協議する。
　(ｱ)　所定の品質及び性能の確保が可能な工法等の提案
　(ｲ)　環境の保全に有効な工法等の提案
　(ｳ)　生産性向上に有効な工法等の提案

1.6.8
化学物質の濃度測定

(1)　建築物の室内空気中に含まれる化学物質の濃度測定の実施は、特記による。

(2)　測定時期、測定対象化学物質、測定方法、測定対象室、測定箇所数等は、特記による。

(3)　測定結果は、監督職員に提出する。

第7節　養　　生

1.7.1
養 生 範 囲

　既存部分の養生範囲は、特記による。特記がなければ、工事後に使用される建築物、設備、備品等が、工事中に汚損、変色等により、工事前の状態と異なるおそれがある箇所は、養生を行うものとし、養生範囲は監督職員と協議する。

1.7.2
養生方法及び清掃

(1)　養生の方法は、特記による。特記がなければ、ビニルシート、合板等の適切な方法で行う。

(2)　既存設備等の養生方法は、特記による。特記がなければ、ビニルシート、合板等で養生する。

(3)　固定された備品、机・ロッカー等の移動は、特記による。

(4)　仮設間仕切り等により施工作業範囲が定められた場合は、施工作業範囲外にじんあい等が飛散しないように養生する。

(5)　機材搬入通路及び撤去機材搬出通路の養生は、特記による。特記がなければ、ビニルシート、合板等で養生し、既存仕上げ材を損傷させないようにする。

(6)　作業通路、搬入通路等に隣接して盤等のスイッチ類がある場合は、誤動作しないように養生する。

(7)　工事に既設エレベーターを使用する場合は、型枠用合板等で養生を行い、エレベーターに損傷を与えないようにする。また、台車を使用する場合等、積載方法に応じた許容荷重を確認する。
　　なお、使用後は原状に復旧する。

(8)　切断溶接作業を行う場合は、防炎シート等で養生する。

(9)　漏水等のおそれのある工事を行うときは、監督職員と協議する。

1.7.3
養 生 材 撤 去

　養生材の処理は、第8節「撤去」による。

第8節　撤　　去

<table>
<tr><td>

1.8.1
一　般　事　項

</td><td>

機材を取外し後再使用しない場合（以下「撤去」という。）は、次による。

(ア)　撤去場所の作業環境については、1.3.5「施工中の安全確保」及び1.3.9「施工中の環境保全等」に準じる。

(イ)　撤去前に内容物（発電設備燃料等）の回収を要する機器、配管等の処置は特記による。

</td></tr>
<tr><td>

1.8.2
撤去作業の安全
対策

</td><td>

撤去作業に伴う安全対策は、1.3.5「施工中の安全確保」によるほか、次による。

(ア)　粉じん、ほこりが多量に発生するおそれのある場合は、有効な換気装置を設置する。

(イ)　石綿の撤去については、特記による。

(ウ)　油及びガス関係の設備の撤去には、火気を使用してはならない。

</td></tr>
<tr><td>

1.8.3
有害物質を含む
撤去

</td><td>

撤去部に石綿、鉛、PCB等有害物質を含む材料が使用されていることが確認された場合は、監督職員と協議する。

</td></tr>
<tr><td>

1.8.4
既存間仕切壁の
撤去

</td><td>

既存間仕切り壁の撤去は、公共建築改修工事標準仕様書（建築工事編）（以下「改修標準仕様書（建築工事編）」という。）6章3節「既存壁の撤去及び下地補修」による。

</td></tr>
<tr><td>

1.8.5
既存天井の撤去

</td><td>

既存天井の撤去は、改修標準仕様書（建築工事編）6章4節「既存天井の撤去及び下地補修」による。

</td></tr>
<tr><td>

1.8.6
撤去後の補修及
び復旧

</td><td>

(1)　壁付け機器、床置機器、天井付け機器の撤去跡の取付けボルト孔、壁面、天井面の変色等の補修、床補修等は、特記による。特記がなければ、監督職員との協議による。

(2)　床、壁、天井等の撤去後の開口部についての補修方法及び仕上げの仕様は、特記による。特記がなければ、監督職員との協議による。

</td></tr>
</table>

第9節　発生材の処理等

**1.9.1
一　般　事　項**

(1) 発生材の抑制、再利用及び再資源化並びに再生資源の積極的活用に努める。

　　なお、設計図書に定められた以外に、発生材の再利用及び再資源化並びに再生資源の活用を行う場合は、監督職員と協議する。

(2) 発生材の処理は、次による。

　(ア) 発生材のうち、発注者に引渡しを要するものは、特記による。

　　　なお、引渡しを要するものは、監督職員の指示を受けた場所に保管する。また、保管したものの調書を作成し、監督職員に提出する。

　　(a) PCBを含む機器類は、PCBが飛散、流出、地下への浸透等がないように適切な容器に収め、適切な場所に保管し、工事完了後に監督職員に引渡す。

　　　　なお、容器については特記による。

　　(b) PCBを含む機器類の取扱い作業は必ず構内で行い、構外搬出は行わないこととする。

　　(c) PCBを含む機器類の取扱いについては、(a)及び(b)によるほか、廃棄物の処理及び清掃に関する法律に定めるところによるものとする。

　(イ) 特別管理産業廃棄物の種類及び処理方法は、特記による。

　(ウ) 発生材のうち、現場において再利用及び再資源化を図るものは、特記による。

　　　なお、再資源化を図るものは、分別を行い、所定の再資源化施設等に搬入する。また、搬入したものの調書を作成して監督職員に提出する。

　(エ) (ア)から(ウ)まで以外のものは全て工事現場外に搬出し、建設リサイクル法、資源有効利用促進法、廃棄物処理法、その他関係法令等に基づくほか、「建設副産物適正処理推進要綱」を踏まえ、適切に処理の上、監督職員に報告する。

(3) 発生材の保管、集積場所が必要な場合は、特記による。

(4) 産業廃棄物の処理は、収集から最終処分までを産業廃棄物処理業者に委託し、マニフェスト交付を経て適正に処理する。

第10節　工事検査及び技術検査

1.10.1
工　事　検　査

(1)　契約書に基づく工事を完成したときの通知は、次の(ｱ)及び(ｲ)に示す要件の全てを満たす場合に、監督職員に提出することができる。
　(ｱ)　監督職員の指示を受けた事項が全て完了していること。
　(ｲ)　設計図書に定められた工事関係図書の整備が全て完了していること。
(2)　契約書に基づく部分払を請求する場合は、当該請求に係る出来形部分等の算出方法について監督職員の指示を受けるものとし、当該請求部分に係る工事について、(1)の要件を満たすものとする。
(3)　(1)の通知又は(2)の請求に基づく検査は、発注者から通知された検査日に受ける。
(4)　工事検査に必要な資機材、労務等を提供する。

1.10.2
技　術　検　査

(1)　公共工事の品質確保の促進に関する法律に基づく技術検査を行う時期は、次による。
　(ｱ)　1.10.1「工事検査」(1)及び(2)に示す工事検査を行うとき。
　(ｲ)　工事施工途中における技術検査（中間技術検査）の実施回数及び実施する段階が特記された場合、その実施する段階に到達したとき。
　(ｳ)　発注者が特に必要と認めたとき。
(2)　技術検査は、発注者から通知された検査日に受ける。
(3)　技術検査に必要な資機材、労務等を提供する。

第11節　完成図等

1.11.1
完成時の提出図書

　工事完成時の提出図書は、特記による。特記がなければ、1.11.2「完成図」及び1.11.3「保全に関する資料」による。

1.11.2
完　成　図

　完成図は、工事目的物の完成時の状態を表現したものとし、種類及び記載内容は、表1.11.1による。

表1.11.1　完成図の種類及び記載内容

種　類	記載内容
各階配線図	電灯、動力、電熱、雷保護、発電（太陽光）、構内情報通信網、構内交換、情報表示、映像・音響、拡声、誘導支援、テレビ共同受信、監視カメラ、駐車場管制、防犯・入退室管理、自動火災報知、中央監視制御等
機器の仕様	各種
単線接続図	分電盤、制御盤、実験盤、配電盤等
系統図	各種
平面詳細図、配置図	主要機器設置場所のもの
構内配線図	各種
主要機器一覧表	機器名称、製造者名、形式、容量又は出力、数量等

備考　寸法、縮尺、文字、図示記号等は、設計図書に準ずる。

1.11.3
保全に関する資料

(1)　保全に関する資料は、次による。

　(ｱ)　建築物等の利用に関する説明書

　(ｲ)　機器取扱い説明書

　(ｳ)　機器性能試験成績書

　(ｴ)　官公署届出書類

　(ｵ)　総合試運転報告書

(2)　(1)の資料の作成に当たり、監督職員と記載事項に関する協議を行う。

第2章 共通工事

第1節 共通事項

2.1.1
停 電 作 業

停電作業を行う場合は、関係法令等に基づき施工するほか、次の事項に留意する。
- (ア) 事前に停電計画、仮設備電源計画、作業手順、安全対策等を作成し、監督職員に提出して協議する。
- (イ) 緊急時等の連絡体制表を作成し、必要箇所に表示する。

2.1.2
活線及び活線近接作業

活線及び活線近接作業は、行わない。ただし、やむを得ず作業を行う場合は、関係法令等に基づき施工するほか、次の事項による。
- (ア) 管理体制、管理範囲、表示、保護具・防具等について作業手順書を作成し、監督職員と協議する。
- (イ) 特別高圧及び高圧回路（以下「高圧回路等」という。）の作業中は、電気主任技術者、監督職員又は電気保安技術者の立会いを受ける。
- (ウ) 高圧回路等に係る次の作業を行う場合は、絶縁用保護具を着用する。
  - (a) 高圧回路等を取扱う作業で感電するおそれがある場合
  - (b) 高圧回路等に接触し、感電するおそれがある場合
  - (c) 高圧回路等が作業者の頭上0.3m以内又は作業者から0.6m以内に接近して作業することにより、感電するおそれがある場合
- (エ) 高圧活線近接作業に使用する絶縁用保護具及び絶縁用防具は、労働安全衛生法第44条の2に基づく型式検定に合格したものとする。
- (オ) 低圧回路を取扱う作業において感電のおそれがある場合は、絶縁用保護具を着用し、活線作業用工具を用いる。
- (カ) 低圧回路に接触することにより感電のおそれがある場合は、当該部分に絶縁用防具を装着する。ただし、絶縁用保護具を着用することにより、感電のおそれがない場合は、この限りでない。
- (キ) 作業中は、活線及び活線近接作業の範囲を表示する。

第2節　仮設工事

2.2.1
仮　設　材　料

仮設に使用する材料は、使用上差し支えないものとする。

2.2.2
足　場　そ　の　他

(1)　足場、作業構台、仮囲い等は、労働安全衛生法、建築基準法、「建設工事公衆災害防止対策要綱（建築工事等編）」その他関係法令等に基づき、適切な材料及び構造のものとし、適切な保守管理を行う。

(2)　足場を設ける場合には、「「手すり先行工法に関するガイドライン」について」（平成21年4月24日付け厚生労働省基発第0424001号）の（別紙）「手すり先行工法等に関するガイドライン」に基づき、足場の組立、解体、変更の作業時及び使用時には、常時、全ての作業床において手すり、中桟及び幅木の機能を有するものを設置しなければならない。

(3)　関連工事の関係者が定置する足場、作業構台等は、無償で使用できる。

(4)　内部足場の種別は、特記による。ただし、特記がなければ、表2.2.1のA種からD種までを使用する。

表2.2.1　内部足場等

種　別	内　部　足　場　等
A　種	脚立足場（脚立及び足場板の組合わせによる。）
B　種	移動式足場（ローリングタワー）
C　種	移動式昇降足場
D　種	高所作業車
E　種	単管足場
F　種	くさび緊結足場
G　種	枠組足場

(5)　外部足場は、次による。

(ｱ)　外部足場の種別は、特記による。特記がなければ、表2.2.2のD種又はE種とする。

なお、防護シート等による養生は、特記による。

表2.2.2　外部足場等

種　別	外　部　足　場　等
A　種	施工箇所面に枠組足場を設ける。
B　種	施工箇所面にくさび緊結式足場を設ける。
C　種	施工箇所面に単管本足場を設ける。
D　種	仮設ゴンドラを使用する。
E　種	移動式足場を使用する。
F　種	高所作業車を使用する。

　　　(ｲ)　外部足場の壁つなぎ材の施工は、撤去後の補修が少ない位置とし、壁つなぎ材を撤去した後に原状に復旧する。

2.2.3
仮設間仕切り

(1)　屋内に仮設間仕切りを設ける場合の設置箇所及び種別は、特記による。種別の特記がなければ、表2.2.3によるC種とする。
　　なお、A種及びB種の塗装仕上げを行う場合は、特記による。

表2.2.3　仮設間仕切りの種別

種　別	仮　設　間　仕　切　り
A　種	軽量鉄骨材等により支柱を組み、両面に厚さ9㎜の合板張り又は厚さ9.5㎜のせっこうボート張りを行い、内部にグラスウール等の充てんを行う。
B　種	軽量鉄骨材等により支柱を組み、片面に厚さ9㎜の合板張り又は厚さ9.5㎜のせっこうボート張りを行う。
C　種	単管下地を組み、全面シート張りを行う。

(2)　仮設扉の設置箇所及び種別は、特記による。種別の特記がなければ、合板張り木製扉程度とする。

2.2.4
工事用電力等

(1)　工事用の電力及び水の使用料は、受注者の負担とする。
(2)　工事用の電力は、既存設備に電力量計を設けて、仮設配電盤を設置し、使用するものとする。既存設備を使用できない場合は、特記により発電機等を使用する。
(3)　工事用電源を既存建築物から分岐する場合は、接続する回路の負荷状態等を確認し、既設負荷への波及がないようにする。また、漏電遮断器付コンセント等を使用し、安全の確保を図る。

2.2.5
機 材 置 場 等

　機材置場等は、使用目的に適した場所及び構造とし、施設の使用及び工事の支障とならず、機材に損傷を与えるおそれのない場所とする。

2.2.6
危 険 物 貯 蔵 所

　塗料、油類等の引火性材料の貯蔵所は、関係法令等に基づき、建築物、下小屋、他の機材置場等から隔離した場所に設け、屋根、壁等を不燃材料で覆い、出入り口には鍵を付け、「火気厳禁」の表示を行い、消火器を設置する。

2.2.7
監督職員事務所

(1)　監督職員事務所の設置、規模及び仕上げの程度は、特記による。
(2)　監督職員事務所等の位置は、次のいずれかとし、適用は、特記による。
　(ｱ)　既存建物内の一部を使用する。
　(ｲ)　構内に設置する。
　(ｳ)　構外に設置する。
(3)　監督職員事務所の備品等は、次による。
　(ｱ)　監督職員事務所には、監督職員の指示により、電灯、給排水その他の設備を設ける。
　　　なお、設置する備品等の種類及び数量は、特記による。
　(ｲ)　監督職員事務所の光熱水費、通信費、消耗品等は、受注者の負担とする。

2.2.8
受注者事務所その他

(1)　受注者事務所、作業員休憩所、便所等は、関係法令に基づき設ける。
(2)　作業員宿舎は、構内に設けない。
(3)　工事現場の適切な場所に、工事名称、発注者等を示す表示板を設ける。

2.2.9
仮設物の撤去その他

(1)　工事完成までに、工事用仮設物を撤去し、撤去跡及び付近の清掃、地均し等を行い、原状に復旧する。
(2)　工事の進捗上又は構内建築物等の使用上、仮設物が障害となる場合は、監督職員と協議する。
(3)　仮設物を移転する場所がない場合は、監督職員の承諾を受けて、工事目的物の一部を使用することができる。

第3節　土 工 事

2.3.1
一 般 事 項

　土工事は、本節によるほか、公共建築工事標準仕様書（建築工事編）
（以下「標準仕様書（建築工事編）」という。）3章「土工事」による。
- (ア)　根切りは、周辺の状況、土質、地下水の状態等に適した工法とし、関係法令等に基づき適切な法面又は山留めを設ける。
- (イ)　地中埋設物は、事前に調査し、地中配線、ガス管等に掘り当てた場合は、これらを損傷しないように注意し、必要に応じて、緊急処置を行い、監督職員及び関係者と協議して処理する。
- (ウ)　埋戻し及び盛土は、特記がなければ、根切り土の中の良質土を使用し、締固める。
- (エ)　余盛りは、土質に応じて行う。

第4節　地業工事

2.4.1
一 般 事 項

　地業工事は、本節によるほか、標準仕様書（建築工事編）4章「地業工事」による。
- (ア)　砂利地業は、次による。
  - (a)　砂利は、再生クラッシャラン、切込砂利又は切込砕石とし、粒度は、JIS A 5001「道路用砕石」によるC-40程度のものとする。
  - (b)　根切り底に、砂利を敷均し、所定の厚さに十分締固める。
  - (c)　砂利地業の厚さは100mm以上とする。
- (イ)　捨コンクリート地業は、次による。
  - (a)　捨コンクリートの種類は、2.5.1「一般事項」(ア)による。
  - (b)　捨コンクリートの設計基準強度は、18N/mm²以上とする。
  - (c)　捨コンクリートの厚さは、50mm以上とし、平たんに仕上げる。

第5節　コンクリート工事

2.5.1
一 般 事 項

　コンクリート工事は、本節によるほか、標準仕様書（建築工事編）
5章「鉄筋工事」及び6章「コンクリート工事」による。
- (ア)　コンクリートは、JIS Q 1001「適合性評価－日本産業規格への適合性の認証－一般認証指針（鉱工業品及びその加工技術）」及

びJIS Q 1011「適合性評価－日本工業規格への適合性の認証－分
野別認証指針（レディーミクストコンクリート）」に基づき、JIS
A 5308「レディーミクストコンクリート」への適合を認証され
たものとし、種類は普通コンクリートとする。ただし、コンクリ
ートが少量の場合等は、監督職員の承諾を受けて、現場練りコン
クリートとすることができる。

(a)　コンクリートの強度は、特記がなければ、レディーミクスト
　　コンクリートの呼び強度18又はコンクリートの設計基準強度
　　18N/㎟以上とし、スランプは、15cm又は18cmとする。

(b)　レディーミクストコンクリートの受け入れは、品質管理の試
　　験結果及び生産者が行うJIS A 5308「レディーミクストコンク
　　リート」による品質管理の試験結果を監督職員に報告する。た
　　だし、少量の場合等で現場練りコンクリートとする場合の品質
　　管理は、監督職員との協議による。

(c)　セメントは、表2.5.1に示す規格による。

表2.5.1　セメント

呼称	規　格		備　考
セメント	JIS R 5210　ポルトランドセメント		普通ポルトランドセメントに限る。
	JIS R 5211　高炉セメント		
	JIS R 5212　シリカセメント		混合セメントのA種に限る。
	JIS R 5213　フライアッシュセメント		

(d)　骨材の種類及び品質は、JIS A 5308「レディーミクストコン
　　クリート」の附属書A（規定）「レディーミクストコンクリー
　　ト用骨材」の規定によるものとし、粗骨材の最大寸法は、砕石
　　等は20㎜以下、砂利は25㎜以下とする。ただし、基礎等で断
　　面が大きく鉄筋量の比較的少ない場合は、標準仕様書（建築工
　　事編）5.3.5「鉄筋のかぶり厚さ及び間隔」の範囲で、砕石等
　　は25㎜以下、砂利は40㎜以下とすることができる。

(イ)　鉄筋は、JIS G 3112「鉄筋コンクリート用棒鋼」によるものと
　　する。ただし、鉄筋が少量の場合で、監督職員の承諾を受けたも
　　のは、この限りでない。

第6節　左官工事

2.6.1
一 般 事 項

左官工事は、本節によるほか、標準仕様書（建築工事編）15章「左官工事」による。
  (ア) モルタル塗り仕上げ前に、塗り面の清掃、目荒らし等の下地処置を施す。
  (イ) セメントは、2.5.1「一般事項」(ア)(c)による。
  (ウ) モルタルの調合は、容積比でセメント1：砂3とする。
  (エ) モルタルは、2回に分けて塗り付け、塗り厚は、15㎜以上とし、平滑に仕上げる。

第7節　溶接工事

2.7.1
一 般 事 項

(1) 現場で行う溶接部は、清掃を行い、溶接後の表面は、ワイヤブラシ等で可能な限り清掃し、必要に応じて、グラインダ等により仕上げをした後に無機質亜鉛末塗料で溶接面を補修する。
(2) 溶接部の余盛りは、最小限に行う。
(3) 溶接作業中は、漏電、電撃、アーク等による人身事故及び火災の防止処置を十分に行う。
(4) 鉄骨に溶接する場合は、鉄骨に悪影響のないことを確認し、監督職員の承諾を受けて施工する。
(5) 溶接作業における技能資格者は、工事に相応した技量を有する者とし、技量を証明する書面を監督職員に提出する。

第8節　塗装工事

2.8.1
一 般 事 項

(1) 各種機材のうち、次の部分を除き、全て塗装を施す。
  (ア) コンクリートに埋設されるもの
  (イ) めっき又は塗装された面
  (ウ) アルミニウム、ステンレス、銅、合成樹脂製等の塗装の必要が認められない面
  (エ) 特殊な表面仕上げ処理を施した面
(2) 現場で行う塗装は、次による。
  なお、色合い等は、特記による。

(ア)　塗装に使用する材料は、次による。

(a)　さび止めペイントは、JPMS 28「一液形変性エポキシ樹脂さ
び止めペイント」又はJASS 18 M-109「変性エポキシ樹脂プ
ライマーおよび弱溶剤系変性エポキシ樹脂プライマー」による。

(b)　合成樹脂調合ペイント塗りの塗料は、JIS K 5516「合成樹脂
調合ペイント」による1種とし、アルミニウムペイントの塗料
は、JIS K 5492「アルミニウムペイント」による。

(c)　屋内の施工時に行う塗料は、ホルムアルデヒド等の放散量の
極力少ないものを選定し、JIS等の材料規格において放散量の
規定がある場合は、特記がなければ、F☆☆☆☆とする。

(d)　鉛等の環境汚染物質を含まないものを選定する。

(イ)　塗装の素地ごしらえ、塗り回数等は、次による。

(a)　塗装の素地ごしらえは、汚れ、付着物及び油類を除去し、ワ
イヤブラシ、サンダ等でさび落しを行う。

(b)　塗装は、素地ごしらえの後に行い、塗装箇所の塗料の種別、
塗り回数は、特記がなければ、表2.8.1による。

表2.8.1　各塗装箇所の塗料の種別及び塗り回数

塗装箇所		塗料の種別	塗り回数			備　考
機　材	状態		下塗り	中塗り	上塗り	
さび止め塗装が施された金属製プルボックス等の機材	露出	合成樹脂調合ペイント	－	1	1	塗装箇所が特記された場合に適用する。
亜鉛めっきが施された機材	露出	合成樹脂調合ペイント	1	1	1	(1)　塗装箇所が特記された場合に適用する。 (2)　下塗りは、さび止めペイントとする。
めっき又は塗装が施されていない機材	露出	合成樹脂調合ペイント又はアルミニウムペイント	2	1	1	下塗りは、さび止めペイントとする。
	隠ぺい	さび止めペイント	2	－	－	

(c)　塗布に当たっては、適切な乾燥時間をとるものとし、施工時
及び施工後の通風換気を十分に行い室内に発散する化学物質等
を室外に放出させる。

(3)　機材のめっき又は塗膜のはがれた箇所は、補修を行う。ただし、コンクリート埋込部分は、この限りでない。

第9節　機械設備工事

2.9.1
一　般　事　項

機械設備工事は、公共建築改修工事標準仕様書（機械設備工事編）及び公共建築設備工事標準図（機械設備工事編）の当該事項による。

第10節　スリーブ工事

2.10.1
一　般　事　項

(1)　スリーブの材料及び仕様は、特記がなければ、表2.10.1による。

表2.10.1　スリーブ

材　料	仕　様	備　考
鋼　管	JIS G 3452「配管用炭素鋼鋼管」の白管	
硬質塩化ビニル管	JIS K 6741「硬質ポリ塩化ビニル管」のVU	防火区画及び水密を要する部分には使用してはならない。
亜鉛めっき鋼板又は鋼板（さび止めペイント）	外径200mm以下のものは標準厚さ0.4mm以上、外径が200mmを超えるものは標準厚さ0.6mm以上とし、筒形の両端を外側に折曲げてつばを設ける。また、必要に応じて、円筒部を両方から差込む伸縮形とする。	
つば付鋼管	JIS G 3452「配管用炭素鋼鋼管」の黒管に厚さ3.2mm、つば50mm以上の鋼板を溶接したものとする。	
紙チューブ	外径が200mm以下のものとする。	柱、梁部分には使用しない。
防水鋳鉄管	JIS G 5501「ねずみ鋳鉄品」及びJIS G 5502「球状黒鉛鋳鉄品」による鋳鉄管とし、端部をフランジ構造とし管路口防水装置を取付けられるようにした構造とする。	

(2)　貫通口の径は、スリーブを取外さない場合は、スリーブの内径寸

法とし、貫通口に挿入する管の外径（保温されるものは、保温厚さを含む。）より40mm程度大きなものとする。

(3) 建物外壁貫通部などの水密を要する箇所に用いるスリーブ及び防水鋳鉄管は、標準図第2編「電力設備工事」（電力65〜68）による。

(4) 紙チューブを用いる場合は、使用した紙チューブを、型枠取外し後に取除く。

第11節　はつり工事

2.11.1
一　般　事　項

(1) 建築物を使用しながらはつり工事を行う場合は、指定された時間に行う。ただし、監督職員の承諾を得た場合は、この限りでない。

(2) はつり作業を行う場合は、埋設配管及び主鉄筋への損傷、じんあい処置等について注意して行う。

なお、放射線透過検査等による埋設物の調査を行う場合は、特記による。

(3) 電動ドリル等の刃が鉄筋、金属配管等に接触した場合に、自動で電動工具の電源を遮断する装置を使用する。

(4) はつりガラ及びほこりの飛散防止及び養生を行い、はつりガラの処理を確実に行う。

(5) はつり等で、コンクリート埋設配管及び配線を損傷した場合は、速やかに臨機の措置を行い、その経緯を監督職員に報告し、本復旧の実施等について協議する。

2.11.2
非 破 壊 検 査

放射線透過検査は、特記により行い、次によるほか、労働安全衛生法、「電離放射線障害防止規則」（昭和47年労働省令第41号）等に従って行う。

(ア) 作業主任者は、エックス線作業主任者の資格を有する者とし、資格を証明する資料を監督職員に提出する。

(イ) 放射線照射量は、最小限のものとし、照射中は人体に影響のない範囲まで照射器より離れる。また、作業者以外の立入り禁止措置を講ずる。

(ウ) 露出時間は、コンクリートの厚さ等により、適宜調整する。

(エ) 事前に、検査箇所付近に写真フィルム、磁気ディスク等放射線の影響を受けるものの有無を確認する。

(オ) 躯体の墨出しは、表裏でズレがないよう措置を講ずる。

2.11.3 **穴開け及び補修**	(1)　既存のコンクリート床、壁等の配管貫通部の穴開けは、原則として、ダイヤモンドカッターによる。貫通場所及び口径は、特記による。 (2)　ダイヤモンドカッターを使用する場合は、ノロ、ガラ等の処理及び養生を確実に行う。 (3)　穴開け完了後に貫通穴の確認を行い、必要に応じて養生を行う。 (4)　配管施工完了後にすき間をモルタルで充てんし、補修する。
2.11.4 **溝はつり及び補修**	コンクリート等の溝はつりを行う場合は、次による。 (ア)　はつりを行う箇所にカッターを入れた後に、手はつり、電動ピック等で行う。 (イ)　配管は、必要に応じて、サドル等で固定する。 (ウ)　配管施工完了後にすき間をモルタル又はロックウールで充てんする。 　　　なお、モルタルを充てんする場合は、金ごて仕上げをする。 (エ)　はつり深さは、特記による。 　　　なお、鉄筋等が露出した場合は、監督職員と協議する。
2.11.5 **開口部補修等**	(1)　既設配管・ダクト等撤去後の補修は、モルタル等を充てんする。 (2)　その他、補修が必要な箇所は、特記による。 (3)　防水箇所の貫通処理方法は、特記による。 (4)　意匠を考慮する場合の仕上げ方法は、特記による。

第12節　インサート等

2.12.1 **一　般　事　項**	(1)　インサート等の許容引抜荷重は、特記がなければ、表2.12.1による。

表2.12.1　許容引抜荷重

インサート等の種類	許容引抜荷重（長期）〔N〕		
	M10	M12	M16
インサート	2,000以上	4,400以上	6,500以上
金属系アンカー（おねじ形）	2,500以上	4,500以上	6,100以上
金属系アンカー（めねじ形）	500以上		800以上
接着系アンカー	5,000以上	6,100以上	8,000以上
木造用吊り金物	90以上	－	－

> 備考　表中のインサート及びアンカーの許容引抜荷重の値は、コンクリート圧縮強度が18N/㎟の場合を示す。

(2) 既存インサート、既存ボルト等を再使用する場合は、状態及び強度を確認し、清掃してから使用する。

2.12.2
インサート

鋼製のインサートを使用する場合は、防錆処理を施す。

2.12.3
あと施工アンカー

(1) あと施工アンカーを設けるための穿孔は、次による。
　(ｱ) 穿孔に使用する機械は、アンカーの種類、径及び長さ、施工条件等を勘案し、適切な機械を選定する。
　(ｲ) 穿孔作業には、振動ドリル、ハンマードリル等を使用し、必要埋込み深さを確保するため、穿孔深さのドリルへの表示やストッパ付きドリルの使用等の措置をする。
　(ｳ) 埋込み配管等の探査の範囲及び方法は、特記による。
　(ｴ) 穿孔された孔は、所定の深さがあることを確認する。
　(ｵ) 穿孔後に切粉が残らないようブロア、ブラシ等で孔内を清掃する。
(2) 接着系アンカーを使用する場合は、所定の強度が発現するまで養生を行う。
(3) あと施工アンカーの性能確認試験は、特記による。
(4) あと施工アンカーの施工後確認試験は、特記による。

第13節　基礎工事

2.13.1
一　般　事　項

(1)　機器用基礎の新設及び既設再使用は、特記による。

(2)　基礎を新設する場合は、標準仕様書及び標準図による。

(3)　下スラブにアンカーボルトが打てる場合は、ずれや剥離を防止するための差し筋としてアンカーを施設する。

(4)　既設基礎を再使用する場合は、アンカーボルトの状態及び強度を確認し、強度等が不足する場合はアンカーを打ち直す。

(5)　基礎の補修は、特記による。

(6)　既設基礎の解体は、次によるほか、第11節「はつり工事」による。

　(ア)　周辺機器等の養生は、特記による。

　(イ)　防水層等の補修は、特記による。

　(ウ)　既設基礎の撤去は、床面仕上げの可能な深さまで床をはつる。

　(エ)　既設基礎撤去後の補修及び床面仕上げは、特記による。

第14節　仮設備工事

2.14.1
一　般　事　項

(1)　仮設備工事は、工事を行う上で、停電、設備機能の停止等が困難な場合に、既存の設備機能等を維持させるために必要な仮設備の工事のことをいう。

(2)　仮設備工事は、本節によるほか、第2編「電力設備工事」以降に記載されている当該項目による。

(3)　仮設備は、特記により指定された期間を、既存設備の機能維持できるものとする。

(4)　防災設備等の機能を停止させる場合は、建築基準法、消防法（昭和23年法律第186号）その他関係法令等に従い、関係官公署と協議の上行うほか、第6編2.1.17「自動火災報知設備等の改修」による。

2.14.2
仮設備に使用する機材等

(1)　電線、配管等の材料は、使用上差支えのない程度の機械的強度及び電気的性能を有するものとする。

(2)　機器類は、指定された期間を機能維持できるもので製造者の標準品とする。

2.14.3
仮　電　源　等

受変電設備又は発電装置を電源として仮設備する場合は、次による

ほか、特記による。

(ｱ) 既存の発電回路を停止する場合は、保安用、業務用又は建物管理用として必要な負荷、大地震動後に災害応急対策活動を行うために必要な負荷、防災負荷並びに発電機に必要な負荷（負荷の用途）を確認し、負荷の種類及び負荷の内容により計算される容量以上であることを確認する。

(ｲ) タイム表示又はプログラムタイム制御を行う装置については、停電前に種類、内容等を調査し、復電後には修正を行い関係部署に報告する。

(ｳ) 停電前には、事前に測定器等を用いて回路の検相及び電圧を確認し、復電後には関係部署に確認した事項を提出する。

(ｴ) 仮電源用配線は、人が容易に触れない場所である、又は保護物で覆っていることを確認し、感電事故防止と損傷防止を確実に行う。

(ｵ) 仮設備は、関係者以外の者が接近又は操作しないような処置を施すとともに、注意表示札等を設ける。

(ｶ) 仮設備の充電部は、外箱で囲まれたものとする。ただし、仮設備の電線等を接続する部分に絶縁処理がなされている場合は、この限りでない。

(ｷ) 仮電源を既設回路に接続する場合は、連絡用遮断器又は電磁接触器が停電信号等で動作しないようにする。

(ｸ) 低圧回路は、切替え等により休止している変圧器の二次側からの混触による高圧ステップアップ電圧の発生を防止する。

(ｹ) 検電器により無電圧であることを確認し、必要に応じて、短絡接地器具を用いて確実に接地する。

(ｺ) 仮設備の発電機等が運転中に緊急停止する場合に備え、再起動等の適切な措置ができるものとする。

第2編　　電力設備工事

第1章 機　　材

第2章 施　　工

第1章　機　　材

第1節　共通事項

1.1.1
一 般 事 項

　更新、新設又は増設する機材は、本章によるほか、標準仕様書第2編第1章「機材」による。

第2節　分電盤等

1.2.1
分電盤等の改造

　分電盤、OA盤、実験盤及び開閉器箱（以下「分電盤等」という。）を改造する場合は、次による。
　(ア)　ドア、保護板等に、開口等を加工する場合は、切断した鉄片及び切り屑による絶縁劣化を生じさせないように行う。
　(イ)　配線用遮断器、漏電遮断器、電磁接触器、ニュートラルスイッチ等の開閉、遮断、断路等を行うための器具（以下「開閉器等」という。）を増設する場合の分岐導体は、絶縁電線とすることができる。
　(ウ)　ドア裏面の単線接続図等は、改造した部分を既設図面に追記する、又は改造後の図面に取替える。
　(エ)　導電部の色別は、既設の色に合せる。
　(オ)　銘板は、改造等により変更された項目を明記し、既設銘板に並べて設ける。

第3節　制 御 盤

1.3.1
制御盤の改造

　制御盤を改造する場合は、1.2.1「分電盤等の改造」(ア)及び(ウ)から(オ)までによるほか、使用しなくなった単位装置は、主回路導体と分岐用の開閉器等との接続部分を取外し、その回路の盤内器具類が荷電しないようにする。

第4節　機材の試験

1.4.1

試　　　　験

　盤類等の改造、器具類の増設等に伴う新設器具単体の試験は、標準仕様書の当該事項により行い、監督職員に試験成績書を提出し、承諾を受ける。

第2章　施　　工

第1節　共通事項

2.1.1
事　前　確　認

(1)　機器の取付け取外し、配線の改修及び更新を行う場合は、事前確認を行うものとし、次による。

　　なお、事前確認の項目と適用は、表2.1.1によるものとし、○印のないものは、特記による。

表2.1.1　事前確認の項目と適用

作業 項目	機器の取付け取外し					配線の改修及び更新
	照明器具	スイッチ	コンセント	分電盤等	制御盤	
回路の確認	○	○	○	○	○	○
配線の確認				○	○	○
機器と開閉器等の対照	○		○	○	○	○
照明点滅回路の確認	○	○		○		○
制御回路の確認				○	○	○

　　(ア)　回路の確認は、作業対象となる回路の開閉器等を確認し、作業対象外の開閉器等と明確に区別ができるよう表示する。

　　(イ)　配線の確認は、作業対象となる配線を確認し、作業箇所に作業対象外の配線と区別ができるよう表示する。又、逆送電のおそれのある配線の有無を確認する。

　　(ウ)　機器と開閉器等の対照は、適切な方法で行い、回路の接続状況、電圧、相及び極性を確認する。

　　(エ)　照明点滅回路の確認は、作業対象のスイッチ、リモコンスイッチ及び照明制御装置の点滅及び制御を確認する。

　　(オ)　制御回路の確認は、施工範囲に関係する電磁接触器、リモコンリレー、継電器、制御スイッチ等の器具類及び制御回路の状況を確認する。

(2)　地中配線を行う場合は、事前確認を行うものとし、次による。

　　(ア)　施工前に配線を埋設する経路の確認を行う。

　　　　なお、既設埋設配線の経路が不明の場合は、探査方法及び試験掘方法を監督職員と協議する。

　　(イ)　埋設配線経路において、次の事項が発生又は発生が予想される

場合は、監督職員と協議する。
- (a)　埋設に障害となる既存埋設物
- (b)　地盤沈下
- (c)　車両及び人員の通行に必要な防護柵、覆工板、工事灯等の設置
- (3)　事前確認の結果、調査が必要な場合は、監督職員と協議する。
- (4)　照明改修を行う場合は、対象室の改修前後の照度及び回路電流値の測定を行うものとし、測定箇所及び回数は特記による。

2.1.2 電線の接続

- (1)　金属管、PF管、CD管、硬質ビニル管、金属製可とう電線管、1種金属線ぴ等の内部では、電線を接続してはならない。また、金属ダクト、2種金属線ぴの内部では、点検できる接続部分を除き電線を接続してはならない。
- (2)　電線の途中接続は、できる限り避ける。
- (3)　絶縁被覆のはぎ取りは、必要最小限に心線を傷つけないように行う。
- (4)　心線相互の接続は、圧着スリーブ、電線コネクタ、圧着端子等の電線に適合する接続材料を用いる。
　　なお、圧着接続は、JIS C 9711「屋内配線用電線接続工具」による電線接続工具を使用する。
- (5)　絶縁電線相互及び絶縁電線とケーブルとの接続部分は、次のいずれかによる。
  - (ア)　絶縁テープ等により、絶縁被覆と同等以上の効力があるように巻付ける。
  - (イ)　絶縁被覆と同等以上の効力を有する絶縁物を被せる等の方法により絶縁処理を施す。
- (6)　配線と機器の口出線との接続は、接続点に張力が加わらず、機器その他により押圧されないように行う。

2.1.3 電線と機器端子との接続

- (1)　電線と機器端子は、機械的、かつ、電気的に接続し、接続点に張力が加わらないように行う。
- (2)　振動等により緩むおそれのある場合は、二重ナット又はばね座金を使用する。
- (3)　機器端子が押ねじ形、クランプ形又はセルフアップねじ形の場合は、端子の構造に適合する太さの電線を1本接続する。ただし、1端子に2本以上の電線を接続できる構造の端子には、2本まで接続することができる。

(4)　機器の端子にターミナルラグを用いる場合（押ねじ形及びクランプ形を除く。）は、端子に適合するターミナルラグを使用して電線を接続するほか、次による。

(ア)　1端子に取付けできるターミナルラグの個数は、2個までとする。

(イ)　ターミナルラグには、電線1本のみを接続する。ただし、接地線はこの限りでない。

(ウ)　ターミナルラグは、JIS C 2805「銅線用圧着端子」による。
　　なお、主回路配線に用いるものは、裸圧着端子とする。

(エ)　絶縁被覆のないターミナルラグには、肉厚0.5mm以上の絶縁キャップ又は絶縁カバーを取付ける。

(オ)　電線をターミナルラグにより機器に接続する場合は、締付け確認の表示を行う。

(5)　巻締構造の端子には、電線をねじのまわりに緊密に3/4周以上1周未満巻付ける。

2.1.4
電 線 の 色 別

電線は、表2.1.2により色別する。ただし、これにより難い場合は、端部を色別する。

なお、接地線は緑、緑/黄又は緑/色帯とする。また、既設配線と電線の色別が異なる場合は、監督職員と協議する。

表2.1.2　電線の色別

電気方式	赤	白	黒	青
三相3線式	第1相	接地側 第2相	非接地 第2相	第3相
三相4線式	第1相	中性相	第2相	第3相
単相2線式	第1相	接地側 第2相	非接地 第2相	－
単相3線式	第1相	中性相	第2相	－
直流2線式	正　極	－	－	負　極

備考　(1)　分岐する回路の色別は、分岐前による。
　　　(2)　単相2線式の第2相が接地相の場合は、第1相を黒色とすることができる。
　　　(3)　発電回路の非接地第2相は、接続される商用回路の第2相の色別とする。
　　　(4)　単相2線式と直流2線式の切替回路2次側は、直流2線式の配置と色別による。

2.1.5
異なる配線方法の接続

異なる配線方法の接続箇所には、ボックス、カップリング、コネクタ等を使用し、接続部分で電線が損傷しないように敷設する。

2.1.6
低圧配線と弱電流電線等、水管、ガス管等との離隔

(1) 低圧配線が金属管配線、合成樹脂管配線、金属製可とう電線管配線、ライティングダクト配線、金属ダクト配線、金属線ぴ配線、バスダクト配線又はケーブル配線の場合は、弱電流電線若しくは光ファイバケーブル（以下「弱電流電線等」という。）、水管、ガス管又はこれらに類するものと接触しないように施設する。

(2) 低圧配線を金属管配線、合成樹脂管配線、金属製可とう電線管配線、金属ダクト配線、フロアダクト配線、金属線ぴ配線、合成樹脂線ぴ配線又はバスダクト配線により施設する場合は、電線と弱電流電線とを同一の管、線ぴ、ダクト若しくはこれらの附属品又はボックスの中に施設してはならない。ただし、次のいずれかに該当する場合は、この限りでない。

(ア) 低圧配線を金属管配線、合成樹脂管配線、金属製可とう電線管配線又は金属線ぴ配線により施設する場合及び電線と弱電流電線とをそれぞれ別個の管又は線ぴに収めて施設する場合において、電線と弱電流電線の間に堅ろうな隔壁を設け、かつ、金属製部分にC種接地工事を施したボックスの中に電線と弱電流電線を収めて施設するとき

(イ) 低圧配線を金属ダクト配線又はフロアダクト配線により施設する場合において、電線と弱電流電線との間に堅ろうな隔壁を設け、かつ、C種接地工事を施したダクト又はボックスの中に電線と弱電流電線とを収めて施設するとき

(ウ) 低圧配線をバスダクト配線以外の工事により施設する場合において、弱電流電線がリモコンスイッチ用又は保護継電器用の弱電流電線であって、かつ、弱電流電線に絶縁電線以上の絶縁効力のあるもの（低圧配線との識別が容易にできるものに限る。）を使用するとき

(エ) 低圧配線をバスダクト配線以外の工事により施設する場合において、弱電流電線にC種接地工事を施した金属製の電気的遮へい層を有する通信ケーブルを使用するとき

2.1.7
高圧配線と他の高圧配線、低圧配線、管灯回路の配線、弱電流電線等、水管、ガス管等との離隔

　高圧配線と他の高圧配線、低圧配線、管灯回路の配線、弱電流電線等、水管、ガス管又はこれらに類するものが接近又は交さする場合は、次のいずれかによる。ただし、高圧ケーブル相互の場合は、この限りでない。

　(ｱ)　0.15m以上離隔する。

　(ｲ)　高圧のケーブルを、耐火性のある堅ろうな管又はトラフに収める。

　(ｳ)　高圧のケーブルと他のものとの間に、耐火性のある堅ろうな隔壁を設ける。

2.1.8
地中電線相互及び地中電線と地中弱電流電線等との離隔

(1)　低圧地中ケーブルが高圧又は特別高圧地中ケーブルと、高圧地中ケーブルが特別高圧地中ケーブルと接近又は交さする場合は、次のいずれかによる。ただし、マンホール、ハンドホール等の内部で接触しないように施設する場合は、この限りでない。

　(ｱ)　ケーブル相互は、0.3m（低圧地中ケーブルと高圧地中ケーブル相互にあっては0.15m）以上離隔する。

　(ｲ)　それぞれの地中ケーブルは、次のいずれかによる。

　　(a)　自消性のある難燃性の被覆を有するものとする。

　　(b)　堅ろうな自消性のある難燃性の管に収める。

　(ｳ)　いずれかの地中ケーブルを、不燃性の被覆を有するケーブルとする。

　(ｴ)　いずれかの地中ケーブルを、堅ろうな不燃性の管に収める。

　(ｵ)　地中ケーブル相互の間に、堅ろうな耐火性の隔壁を設ける。

(2)　低圧、高圧又は特別高圧地中ケーブルが地中弱電流電線等と、接近又は交さする場合は、次の(ｱ)から(ｴ)までのいずれかによる。ただし、(ｵ)又は(ｶ)のいずれかに該当する場合は、この限りでない。

　(ｱ)　低圧又は高圧地中ケーブルと地中弱電流電線等とは、0.3m以上離隔する。

　(ｲ)　特別高圧地中ケーブルと地中弱電流電線等とは、0.6m以上離隔する。

　(ｳ)　低圧、高圧又は特別高圧地中ケーブルと地中弱電流電線等との間に、堅ろうな耐火性の隔壁を設ける。

　(ｴ)　低圧、高圧又は特別高圧地中ケーブルを、堅ろうな不燃性又は自消性のある難燃性の管に収め、当該管が地中弱電流電線等と直接接触しないように敷設する。

　(ｵ)　地中弱電流電線等が不燃性若しくは自消性のある難燃性の材料で被覆した光ファイバケーブル又は不燃性若しくは自消性のある

難燃性の管に収めた光ファイバケーブルであり、かつ、管理者の承諾を得た場合

(カ)　使用電圧が170kV未満の地中ケーブルにあって、地中弱電流電線等の管理者が承諾し、かつ、相互の離隔距離が0.1m以上である場合

2.1.9
発熱部との離隔

外部の温度が50℃以上となる発熱部と配線は、0.15m以上離隔する。ただし、施工上やむを得ない場合は、次のいずれかによる。

(ア)　ガラス繊維等を用いて断熱処理を施す。

(イ)　(ア)と同等以上の効果を有する耐熱性の電線を使用する。

2.1.10
メタルラス張り
等との絶縁

メタルラス張り、ワイヤラス張り又は金属板張りの木造の造営物に低圧配線を施設する場合は、次による。

(ア)　メタルラス、ワイヤラス又は金属板と次のものとは、電気的に接続しないように施設する。

(a)　金属管配線に使用する金属管、金属製可とう電線管配線に使用する金属製可とう電線管、金属線ぴ配線に使用する金属線ぴ又は合成樹脂管工事に使用する粉じん防爆型フレクシブルフィッチング

(b)　金属管配線に使用する金属管、合成樹脂管配線に使用する合成樹脂管又は金属製可とう電線管配線に使用する金属製可とう電線管に接続する金属製のボックス

(c)　金属管配線に使用する金属管、金属線ぴ配線に使用する金属線ぴ又は金属製可とう電線管配線に使用する金属製可とう電線管に接続する金属製の附属品

(d)　金属ダクト配線、バスダクト配線又はライティングダクト配線に使用するダクト

(e)　ケーブル配線に使用する管その他の電線を収める防護装置の金属製部分又は金属製の接続箱

(f)　ケーブルの被覆に使用する金属体

(イ)　金属管配線、金属製可とう電線管配線、金属ダクト配線、バスダクト配線又はケーブル配線（金属被覆を有するケーブルを使用する配線に限る。）(以下この項において「金属管配線等」という。)が、メタルラス張り、ワイヤラス張り又は金属板張りの造営材を貫通する場合は、次による。

(a)　貫通部分のメタルラス、ワイヤラス又は金属板を切開く。

(b)　次のいずれかにより、貫通部分の金属管配線等とメタルラス、

ワイヤラス又は金属板が、電気的に接続しないように施設する。

① 金属管配線等に耐久性のある絶縁管（合成樹脂管（PF管及びCD管を除く。）等）をはめる。

なお、管端部はケーブルの被覆を損傷しないようにし、管には適切な管止めを施す。

② 金属管配線等に耐久性のある絶縁テープ等を巻く。

(ウ) メタルラス張り、ワイヤラス張り又は金属板張りの造営材に機器を取付ける場合は、これら金属部分と機器の金属製部分及びその取付け金具とは、電気的に絶縁して取付ける。

2.1.11
電線等の防火区画等の貫通

(1) 金属管が防火区画又は防火上主要な間仕切り（以下「防火区画等」という。）を貫通する場合は、次のいずれかによる。

(ア) 金属管と壁等との隙間に、モルタル、耐熱シール材等の不燃材料を充てんする。

(イ) 金属管と壁等との隙間に、ロックウール保温材を充てんし、標準厚さ1.6mm以上の鋼板で押さえる。

(ウ) 金属管と壁等との隙間に、ロックウール保温材を充てんし、その上をモルタルで押さえる。

(2) PF管が防火区画等を貫通する場合は、次のいずれかによる。

(ア) 貫通する区画のそれぞれ両側1m以上の距離に不燃材料の管を使用し、管と壁等との隙間に、モルタル、耐熱シール材等不燃材料を充てんし、その管の中に配管する。さらに不燃材料の端口は、耐熱シール材等で密閉する。

(イ) 関係法令に適合したもので、貫通部に適合する材料及び工法によるものとする。

(3) 金属ダクトが防火区画等を貫通する場合は、次による。

(ア) 金属ダクトと壁等との隙間に、モルタル等の不燃材料を充てんする。

なお、モルタルの場合は、クラックを生じないように数回に分けて行う。

(イ) 詳細は、標準図第2編「電力設備工事」（電力24）による。

(4) ケーブル又はバスダクトが防火区画等を貫通する場合は、関係法令に適合したもので、貫通部に適合する材料及び工法によるものとする。

(5) (2)(イ)及び(4)の施工場所の付近には、関係法令に適合する材料及び工法であることを示す、必要事項を記載した表示を設ける。

2.1.12
管路の外壁貫通等

(1) 構造体を貫通し、直接屋外に通ずる管路は、屋内に水が浸入しないように防水処置を施すほか、標準図第2編「電力設備工事」（電力68）による。
(2) 屋上の露出配管等は、防水層を傷つけないよう敷設する。

2.1.13
機器の取付け

(1) 機器は、製造者が指定する方法で取付けるものとし、次によるほか、必要に応じて、鋼材、ワイヤ等により振止めを施す。ただし、製造者の指定がない又はこれにより難い場合は、形状、寸法、質量等に応じて、取付け場所に適した材料・方法により、移動、転倒又は落下しないよう取付ける。
 (ｱ) 自立形機器は、移動又は転倒しないように床スラブ又は基礎に固定する。
 (ｲ) 壁取付け機器は、移動又は落下しないように固定又は支持する。また、取付け面との間に隙間がないように取付ける。
 (ｳ) 天井取付け機器は、移動又は落下しないように天井スラブ、天井スラブに支持するつりボルト又は鋼材に固定又は支持する。ただし、軽量の機器である場合は、機器の荷重に耐えられる強度を有する天井材又は天井下地材に取付けることができる。
 (ｴ) 卓上機器は、移動又は転倒しないように置台に支持する。また、卓上形機器の置台は、移動又は転倒しないように床スラブにボルトで固定する。
(2) 機器は、操作・点検・保守に必要な離隔距離を確保できる位置に取付ける。
(3) 機器を固定又は支持するボルト、つりボルト等は、次による。
 (ｱ) ボルト、つりボルト等は、固定する機器の荷重に耐えるものとし、破損、脱落等がないよう取付ける。
 (ｲ) ボルト、つりボルト等の構造体への取付けは、既存インサート、既存ボルト等又は必要な強度を有するあと施工アンカーを用いる。
(4) 屋外に取付ける機器は、取付け穴、接続する配管、電線等の開口部から浸水しないように設置し、止水処理を施す。また、機器内に結露等が想定される場合は、水が抜けるよう措置を施す。

2.1.14
耐震施工

(1) 機器、配管等の耐震支持は、所要の強度を有していない簡易壁（ALCパネル、PCパネル、ブロック等）に支持をしてはならない。
(2) 機器は、地震時の設計用水平震度（以下「水平震度」という。）

及び設計用鉛直震度（以下「鉛直震度」という。）に応じた地震力に対し、移動、転倒又は破損しないように、床スラブ、基礎等に固定する。

なお、水平震度及び鉛直震度は、特記による。

(3)　横引き配管等は、次によるほか、地震時の水平震度及び鉛直震度に応じた地震力に耐えるよう、表2.1.3により標準図第2編「電力設備工事」（電力30）のS_A種、A種又はB種耐震支持を行う。

なお、S_A種及びA種耐震支持は、地震時に作用する引張り力、圧縮力及び曲げモーメントそれぞれに対応する材料で構成し、S_A種耐震支持では1.0、A種耐震支持では0.6を配管等の重量に乗じて算出する耐震支持材を用いることができる。また、B種耐震支持は、地震時に作用する引張り力に対応する振止め斜材のみで構成し、つり材と同等の強度を有する材料を用いる。

表2.1.3　横引き配管等の耐震支持

設置場所*1	特定の施設		一般の施設	
	電気配線（金属管・金属ダクト・バスダクト等）	ケーブルラック	電気配線（金属管・金属ダクト・バスダクト等）	ケーブルラック
上層階*2 屋上及び塔屋	12m以内ごとにS_A種耐震支持	6m以内ごとにS_A種耐震支持	12m以内ごとにA種耐震支持	8m以内ごとにA種又はB種耐震支持
中間階*3				
1階及び地下階	12m以内ごとにA種耐震支持	8m以内ごとにA種耐震支持	12m以内ごとにA種又はB種耐震支持	12m以内ごとにA種又はB種耐震支持

備考　特記がなければ、一般の施設を適用する。
注　＊1　設置場所の区分は、配管等を支持する床部分により適用し、天井面より支持する配管等は、直上階を適用する。
　　＊2　上層階は、2から6階建の場合は最上階、7から9階建の場合は上層2階、10から12階建の場合は上層3階、13階建以上の場合は上層4階とする。
　　＊3　中間階は、1階及び地下階を除く各階で上層階に該当しない階とする。

(ア)　次のいずれかに該当する場合は、耐震支持を省略できる。
　(a)　呼び径が82mm以下の単独配管
　(b)　周長800mm以下の金属ダクト、幅400mm未満のケーブルラック及び幅400mm以下の集合配管

　　　(c)　定格電流600A以下のバスダクト

　　　(d)　つり材の長さが平均0.2m以下の配管等

　　(イ)　長期荷重で支持材を選定する場合は、鉛直震度に耐えるものとして耐震支持材の算出に鉛直震度を加算しないことができる。

　　(ウ)　横引き配管等の耐震支持は、管軸方向に対しても行う。

　　(エ)　横引き配管等の末端から2m以内、曲がり部及び分岐部付近には、耐震支持を行う。

(4)　垂直配管等は、地震時の水平震度及び鉛直震度に応じた地震力に耐えるよう、表2.1.4によりSA種又はA種耐震支持を行う。

　　なお、SA種及びA種耐震支持は、地震時に作用する引張り力、圧縮力及び曲げモーメントそれぞれに対応する材料で構成し、SA種耐震支持では1.0、A種耐震支持では0.6を配管等の重量に乗じて算出する耐震支持材を用いることができる。

表2.1.4　垂直配管等の耐震支持

設置場所*1	特定の施設		一般の施設	
	電気配線（金属管・金属ダクト・バスダクト等）	ケーブルラック	電気配線（金属管・金属ダクト・バスダクト等）	ケーブルラック
上層階*2 屋上及び塔屋	電気配線の支持間隔ごとに自重支持（SA種耐震支持）	支持間隔6m以下の範囲、かつ、各階ごとにSA種耐震支持	電気配線の支持間隔ごとに自重支持（A種耐震支持）	支持間隔6m以下の範囲、かつ、各階ごとにA種耐震支持
中間階*3	電気配線の支持間隔ごとに自重支持（A種耐震支持）	支持間隔6m以下の範囲、かつ、各階ごとにA種耐震支持		
1階及び地下階				

備考　特記がなければ、一般の施設を適用する。

注　*1　設置場所の区分は、配管等を支持する床部分により適用し、天井面より支持する配管等は、直上階を適用する。

　　*2　上層階は、2から6階建の場合は最上階、7から9階建の場合は上層2階、10から12階建の場合は上層3階、13階建以上の場合は上層4階とする。

　　*3　中間階は、1階及び地下階を除く各階で上層階に該当しない階とする。

　　(ア)　耐震支持の省略は、(3)(ア)による。

　　(イ)　長期荷重で支持材を選定する場合は、鉛直震度に耐えるものとして耐震支持材の算出に鉛直震度を加算しないことができる。

(5)　建物引込部の耐震処置を行う配管及び建物のエキスパンションジョイント部の配線は、標準図第2編「電力設備工事」（電力31～34）の措置を、特記により施す。

(6)　建物引込部の耐震処置を行う配管は、想定沈下量の地盤変位後に内径曲げ半径が、原則として管内径の6倍以上となるように敷設する。

2.1.15
配管・配線等の
改修

(1)　防火区画貫通処理材及び保温材を撤去する場合は、粉じんの発生・飛散防止及び排除を適切な方法で行う。

(2)　既設配線の取出し、切断等を行う場合は、他の既設配線を傷つけないようにする。

(3)　幹線、分岐回路配線に逆送電のおそれのある場合は、その対策方法を検討し、監督職員と協議する。

(4)　既設の管内の配線の撤去が不可能な場合は、監督職員と協議する。

(5)　配線引抜き後の空配管には、特記により導入線を入れる。ただし、1m以下の空配管は省略することができる。

(6)　既設の金属ダクト、フロアダクト、ケーブルラック、金属線ぴに配線を増設する場合は、他の既設配線に損傷を与えないようにする。

(7)　既設配線を撤去せず現状のまま残置する場合は、配線端末処理を行う。

なお、完成図には、その位置を明記する。

(8)　施工に関係する範囲に露出する低圧充電部がある場合は、充電部への養生と充電中注意の表示を行う。

(9)　撤去する配管・配線等は、撤去や搬出等に支障がない長さに切断する。

(10)　既設幹線の切断及び解線は、次による。

(ア)　配電盤の遮断器等を、開路して行う。

なお、配電盤の遮断器等とは、配電盤の低圧気中遮断器、配線用遮断器、漏電遮断器又はバスダクトのプラグインブレーカをいう。

(イ)　配電盤の遮断器等の開路後に幹線の絶縁抵抗を測定する。

(ウ)　切断した幹線の電源側端末は、絶縁物で養生し、充電中注意の表示を行う。

(11)　既設の分岐回路及び制御回路の配線の切断及び解線を行う場合は、次による。

(ア)　当該分岐回路の開閉器等を開路して行う。

(イ)　開閉器等の開路後に回路の絶縁抵抗を測定する。

(ウ)　切断した配線の電源側端末は、絶縁物で養生する。

　　㈎　制御回路において、作業対象外の電動機等に関係する制御回路
　　　の共通母線等は、渡り配線等の処置をしてから解線する。また、
　　　当該制御スイッチ等の変形、汚損等の劣化状況を目視点検する。

第2節　金属管配線

2.2.1
電　　　線

電線は、EM-IE電線等とする。

2.2.2
管 の 附 属 品

附属品は、管及び施設場所に適合するものとする。

2.2.3
隠ぺい配管の敷設

⑴　管の埋込み又は貫通は、建造物の構造及び強度に支障がないよう
　　に行う。
⑵　管の切口は、リーマ等を使用して平滑にする。
⑶　位置ボックス及びジョイントボックスは、造営材等に取付ける。
　　なお、点検できない場所に設けてはならない。
⑷　分岐回路の配管1区間の屈曲箇所は、4箇所以下とし、曲げ角度
　　の合計が270度を超えてはならない。
⑸　管の曲げ半径（内側半径とする。）は、管内径の6倍以上とし、
　　曲げ角度は90度を超えてはならない。ただし、管の太さが25㎜以
　　下の場合で施工上やむを得ない場合は、管内断面が著しく変形せず、
　　管にひび割れが生ずるおそれのない程度まで管の曲げ半径を小さく
　　することができる。
⑹　管の支持は、サドル、ハンガ等を使用し、その取付け間隔は2m
　　以下とする。又、管とボックス等との接続点及び管端に近い箇所を
　　固定する。
⑺　コンクリート埋込みの管は、管を鉄線、バインド線等で鉄筋に結
　　束し、コンクリート打設時に移動しないようにする。
⑻　コンクリート埋込みのボックス及び分電盤の外箱等は、型枠に取
　　付ける。
　　なお、外箱等に仮枠を使用する場合は、外箱等を取付けた後にそ
　　の周囲のすき間をモルタルで充てんする。

2.2.4
露出配管の敷設

　露出配管の敷設は、次によるほか、2.2.3「隠ぺい配管の敷設」⑴
から⑹までによる。

(ｱ)　管を支持する金物は、鋼製とし、管数、管の配列及びこれを支持する箇所の状況に適合するものとし、スラブ等の構造体に取付ける。

(ｲ)　雨のかかる場所では、雨水浸入防止処置を施し、管端は下向きに曲げる。

2.2.5
管　の　接　続

(1)　管相互の接続は、カップリング又はねじなしカップリングを使用し、ねじ込み、突合せ及び締付けを行う。

(2)　管とボックス、分電盤等との接続がねじ込みによらないものには、内外面にロックナットを使用して接続部分を締付け、管端には絶縁ブッシング又はブッシングを設ける。ただし、ねじなしコネクタでロックナット及びブッシングを必要としないものは、この限りでない。

(3)　管を送り接続とする場合は、ねじなしカップリング又は、カップリング及びロックナット2個を使用する。ただし、防錆処理を施した管のねじ部分には、ロックナットを省略することができる。

(4)　管とボックスの間には、ボンディングを施し、電気的に接続する。ただし、ねじ込み接続となる箇所及びねじなし丸形露出ボックス、ねじなし露出スイッチボックス等に接続される箇所は、ボンディングを省略することができる。

(5)　管と分電盤等の間は、ボンディングを施し、電気的に接続する。

(6)　ボンディングに用いる接続線（ボンド線）は、表2.2.1に示す太さの軟銅線を使用する。

表2.2.1　ボンド線の太さ

配線用遮断器等の定格電流［A］	ボンド線の太さ
100以下	2.0mm以上
225以下	5.5mm²以上
600以下	14　mm²以上

(7)　ボックス等に接続しない管端は、電線の被覆を損傷しないよう絶縁ブッシング、キャップ等を取付ける。

(8)　湿気の多い場所又は水気のある場所に施設する配管の接続部は、防湿又は防水処置を施す。

2.2.6
管の養生及び清掃

(1) 管に水気、じんあい等が侵入し難いように施設し、コンクリート埋込みの管は、管端にパイプキャップ、キャップ付きブッシング等を用いて養生する。

(2) 管及びボックスは、施設完了後速やかに清掃する。また、コンクリートに埋設した場合は、型枠取外し後速やかに管路の清掃及び導通確認を行う。

2.2.7
位置ボックス及びジョイントボックス

(1) スイッチ、コンセント、照明器具等の取付け位置には、位置ボックスを設ける。

(2) 器具を実装しない位置ボックスにはプレートを設け、用途を表示する。ただし、床付プレートには、用途表示を省略することができる。

(3) 天井又は壁埋込みの場合のボックスは、埋込みすぎないようにし、ボックスカバー（塗代付き）と仕上り面が10mmを超えて離れる場合は、継枠を使用する。ただし、ボード張りで、ボード裏面とボックスカバーの間が離れないよう施工した場合は、この限りでない。

(4) 不要な切抜き穴のあるボックスは、使用しない。ただし、適切な方法により穴をふさいだものは、この限りでない。

　なお、ボックスのノックアウトと管の外径が適合しない場合は、リングレジューサをボックスの内外両面に使用する。

(5) 内側断熱を施す構造体のコンクリートに埋込むボックスには、断熱材等を取付ける。

(6) 金属管配線からケーブル配線に移行する箇所には、ジョイントボックスを設ける。

(7) 位置ボックスを通信・情報設備の配線と共用する場合は、配線相互が直接接触しないように絶縁セパレータを設ける。

(8) 位置ボックス及びジョイントボックスの使用区分は、表2.2.2及び表2.2.3に示すボックス以上のものとする。ただし、照明器具用位置ボックスでケーブル配線に移行する箇所のものは、2.11.2「位置ボックス及びジョイントボックス」による。

　なお、取付け場所の状況によりこれにより難い場合は、同容積以上のプルボックスとすることができる。

表2.2.2　隠ぺい配管の位置ボックス及びジョイントボックスの使用区分

取付け位置		配管状況	ボックスの種別
天井スラブ内		(22)又は(E25)以下の配管4本以下	中形四角コンクリートボックス54又は八角コンクリートボックス75
		(22)又は(E25)以下の配管5本	大形四角コンクリートボックス54又は八角コンクリートボックス75
		(28)又は(E31)以下の配管4本以下	大形四角コンクリートボックス54
天井スラブ以外（床を含む。）	スイッチ用位置ボックス	連用スイッチ3個以下	1個用スイッチボックス又は中形四角アウトレットボックス44
		連用スイッチ6個以下	2個用スイッチボックス又は中形四角アウトレットボックス44
		連用スイッチ9個以下	3個用スイッチボックス
	照明器具用、コンセント用位置ボックス等	(22)又は(E25)以下の配管4本以下	中形四角アウトレットボックス44
		(22)又は(E25)以下の配管5本	大形四角アウトレットボックス44
		(28)又は(E31)以下の配管4本以下	大形四角アウトレットボックス54

備考　連用スイッチには、連用形のパイロットランプ、接地端子、リモコンスイッチ等を含む。

表2.2.3　露出配管の位置ボックス及びジョイントボックスの使用区分

用　途	配管状況	ボックスの種別
照明器具用等の位置ボックス及びジョイントボックス	(22)又は(E25)以下の配管4本以下	丸形露出ボックス（直径89mm）
	(28)又は(E31)以下の配管4本以下	丸形露出ボックス（直径100mm）
スイッチ用及びコンセント用位置ボックス	連用スイッチ又は連用コンセント3個以下	露出1個用スイッチボックス
	連用スイッチ又は連用コンセント6個以下	露出2個用スイッチボックス
	連用スイッチ又は連用コンセント9個以下	露出3個用スイッチボックス

備考　連用スイッチ及び連用コンセントには、連用形のパイロットランプ、接地端子、リモコンスイッチ等を含む。

2.2.8　プルボックス

(1)　プルボックスは、点検できない場所に設けてはならない。

(2)　プルボックス又はこれを支持する金物は、スラブ等の構造体につ

りボルト、ボルト等で取付ける。

　　なお、つりボルト、ボルト等の構造体への取付けは、既存インサート、既存ボルト等又は必要な強度を有するあと施工アンカーを用いる。

(3)　プルボックスの支持点数は、4箇所以上とする。ただし、長辺の長さ300mm以下のものは2箇所、200mm以下のものは1箇所とすることができる。

(4)　プルボックスを支持するつりボルトは、呼び径9mm以上とし、平座金及びナットを用いて取付ける。

(5)　プルボックスを支持するためのボルト、ふたの止めねじ等のプルボックス内部への突起物は、電線の損傷を防止するための措置を施す。ただし、電線を損傷するおそれがないように設けた場合は、この限りでない。

(6)　水気のある場所に設置するプルボックスの取付け面は、防水処置を施す。

(7)　プルボックスを防災用配線（耐火ケーブル及び耐熱ケーブルを除く。）と一般用配線で共用する場合は、次のいずれかによる。

　　なお、防災用配線とは、消防法又は建築基準法に定めるところによる防災設備（消防用設備、防火設備、排煙設備、非常用照明等）の電源又は操作用の配線であって、耐熱性能を必要とするものをいい、一般用配線とは防災用配線以外をいう。

　　㋐　防災用配線と一般用配線との間に標準厚さ1.6mm以上の鋼板で隔壁を設ける。

　　㋑　防災用配線に耐熱性を有する粘着マイカテープ、自己融着性シリコンゴムテープ、粘着テフロンテープ等を1/2重ね2回以上巻付ける。

2.2.9
通　　　　線

(1)　通線は、通線直前に管内を清掃し、電線を損傷しないよう養生しながら行う。

(2)　通線の際に、潤滑材を使用する場合は、絶縁被覆を侵すものを使用してはならない。

(3)　長さ1m以上の通線を行わない配管には、導入線（樹脂被覆鉄線等）を挿入する。

(4)　垂直に敷設する管路内の電線は、表2.2.4に示す間隔でボックス内において支持する。

表2.2.4　垂直管路内の電線支持間隔

電線の太さ〔mm²〕	支持間隔〔m〕
38以下	30以下
100以下	25以下
150以下	20以下
250以下	15以下
250超過	12以下

(5)　プルボックスのふたには、電線の荷重がかからないようにする。

2.2.10
回路種別の表示

　盤内の外部配線、プルボックス内、その他の要所の電線には、合成樹脂製、ファイバ製等の表示札等を取付け、回路の種別、行先等を表示する。

2.2.11
接　　　　地

　接地は、第14節「接地」による。

第3節　合成樹脂管配線（PF管、CD管）

2.3.1
電　　　　線

　電線は、EM-IE電線等とする。

2.3.2
管 及 び 附 属 品

(1)　CD管は、コンクリート埋込部分のみに使用する。
(2)　附属品は、管及び施設場所に適合するものとする。

2.3.3
隠ぺい配管の敷設

(1)　管の埋込み又は貫通は、建造物の構造及び強度に支障がないように行う。
(2)　位置ボックス及びジョイントボックスは、造営材等に取付ける。なお、点検できない場所に施設してはならない。
(3)　分岐回路の配管1区間の屈曲箇所は、4箇所以下とし、曲げ角度の合計が270度を超えてはならない。
(4)　管の曲げ半径（内側半径とする。）は、管内径の6倍以上とし、曲げ角度は90度を超えてはならない。ただし、管の太さが22mm以下の場合で施工上やむを得ない場合は、管内断面が著しく変形しな

い程度まで管の曲げ半径を小さくすることができる。

(5) 管の支持は、サドル、クリップ、ハンガ、合成樹脂製バンド等を使用し、その取付け間隔は1.5m以下とする。また、管相互の接続点の両側、管とボックス等の接続点及び管端に近い箇所で管を固定する。

なお、軽鉄間仕切内の配管は、バインド線、合成樹脂製バンド、専用支持具等を用いて支持する。

(6) コンクリート埋込みの管は、管をバインド線、専用支持具等を用いて1m以下の間隔で鉄筋に結束し、コンクリート打設時に移動しないようにする。

(7) コンクリート埋込みのボックス及び分電盤の外箱等は、型枠に取付ける。

なお、外箱等に仮枠を使用する場合は、外箱等を取付けた後にその周囲のすき間をモルタルで充てんする。

2.3.4
露出配管の敷設

露出配管の敷設は、次によるほか、2.3.3「隠ぺい配管の敷設」(1)から(4)までによる。

(ア) 管の支持は、サドル、クリップ、ハンガ等を使用し、その取付け間隔は1m以下とする。また、管相互の接続点の両側、管とボックス等の接続点及び管端に近い箇所で管を固定する。

(イ) 管を支持する金物は、鋼製とし、管数、管の配列及びこれを支持する箇所の状況に適合するものとし、かつ、スラブ等の構造体に取付ける。

(ウ) 雨のかかる場所では、雨水浸入防止処置を施し、管端は下向きに曲げる。

2.3.5
管 の 接 続

(1) PF管相互、CD管相互、PF管とCD管との接続は、それぞれに適合するカップリングにより接続する。

(2) ボックス、エンドカバー等の附属品との接続は、コネクタにより接続する。

(3) PF管又はCD管と金属管等異種管との接続は、ボックス又は適合するカップリングにより接続する。

(4) 湿気の多い場所又は水気のある場所に施設する配管の接続部は、防湿又は防水処置を施す。

2.3.6
管の養生及び清掃

管の養生及び清掃は、2.2.6「管の養生及び清掃」による。

**2.3.7
位置ボックス及
びジョイントボ
ックス**

　位置ボックス及びジョイントボックスは、次によるほか、2.2.7「位置ボックス及びジョイントボックス」((6)及び(8)を除く。)による。

　㋐　隠ぺい配管の位置ボックス及びジョイントボックスの使用区分は、表2.3.1に示すボックス以上のものとする。

表2.3.1　隠ぺい配管の位置ボックス及びジョイントボックスの使用区分

取付け位置		配管状況	ボックスの種別
天井スラブ内		(16)の配管5本以下又は(22)の配管3本以下	中形四角コンクリートボックス54又は八角コンクリートボックス75
		(16)の配管6本又は(22)の配管4本	大形四角コンクリートボックス54又は八角コンクリートボックス75
天井スラブ以外（床を含む。）	スイッチ用位置ボックス	連用スイッチ3個以下	1個用スイッチボックス又は中形四角アウトレットボックス44
		連用スイッチ6個以下	2個用スイッチボックス又は中形四角アウトレットボックス44
		連用スイッチ9個以下	3個用スイッチボックス
	照明器具用、コンセント用位置ボックス等	(16)の配管5本以下又は(22)の配管3本以下	中形四角アウトレットボックス44
		(16)の配管6本又は(22)の配管4本	大形四角アウトレットボックス44
		(28)の配管2本以下	大形四角アウトレットボックス54

備考　連用スイッチには、連用形のパイロットランプ、接地端子、リモコンスイッチ等を含む。

　㋑　露出配管の位置ボックス及びジョイントボックスの使用区分は、表2.2.3に示すボックス以上のものとする。ただし、丸形露出ボックス（直径89mm）は、直径87mmとする。

　㋒　ケーブル配線に移行する箇所には、ジョイントボックスを設ける。

**2.3.8
プルボックス**

　プルボックスは、2.2.8「プルボックス」による。

**2.3.9
通　　　線**

　通線は、2.2.9「通線」による。

2.3.10
回路種別の表示　　回路種別の表示は、2.2.10「回路種別の表示」による。

2.3.11
接　　　　　地　　接地は、第14節「接地」による。

第4節　合成樹脂管配線（硬質ビニル管）

2.4.1
電　　　　　線　　電線は、EM-IE電線等とする。

2.4.2
管 の 附 属 品　　附属品は、管及び施設場所に適合するものとする。

2.4.3
隠ぺい配管の敷設

(1)　管の埋込み又は貫通は、建造物の構造及び強度に支障がないように行う。

(2)　管の切口は、リーマ等を使用して平滑にする。

(3)　位置ボックス及びジョイントボックスは、造営材等に取付ける。なお、点検できない場所に施設してはならない。

(4)　分岐回路の配管1区間の屈曲箇所は、4箇所以下とし、曲げ角度の合計が270度を超えてはならない。

(5)　管の曲げ半径（内側半径とする。）は、管内径の6倍以上とし、曲げ角度は90度を超えてはならない。ただし、管の太さが22㎜以下の場合で施工上やむを得ない場合は、管内断面が著しく変形せず、管にひび割れが生ずるおそれのない程度まで管の曲げ半径を小さくすることができる。また、管を加熱する場合は、過度にならないようにし、焼けこげを生じないように注意する。

(6)　管の支持は、サドル、ハンガ等を使用し、その取付け間隔は、1.5m以下とする。また、管相互、管とボックス等との接続点及び管端に近い箇所で管を固定する。なお、温度変化による伸縮性を考慮して締付ける。

(7)　コンクリート埋込みの管は、管を鉄線、バインド線等で鉄筋に結束し、コンクリート打設時に移動しないようにする。なお、配管時とコンクリート打設時の温度差による伸縮を考慮して、直線部が10mを超える場合は、適切な箇所に伸縮カップリングを使用する。

(8)　コンクリート埋込みのボックス及び分電盤の外箱等は、型枠に取

付ける。

　なお、外箱等に仮枠を使用する場合は、外箱等を取付けた後にその周囲のすき間をモルタルで充てんする。

2.4.4
露出配管の敷設

　露出配管の敷設は、次によるほか、2.4.3「隠ぺい配管の敷設」(1)から(6)までによる。

- (ｱ)　温度変化による伸縮性を考慮して、直線部が10mを超える場合は、適切な箇所に伸縮カップリングを使用する。
- (ｲ)　管を支持する金物は、鋼製とし、管数、管の配列及びこれを支持する箇所の状況に適合するものとし、かつ、スラブ等の構造体に取付ける。
- (ｳ)　雨のかかる場所では、雨水浸入防止処置を施し、管端は下向きに曲げる。

2.4.5
管　の　接　続

- (1)　硬質ビニル管相互の接続は、TSカップリングを用い、カップリングには接着剤を塗布し、接続する。
- (2)　硬質ビニル管とPF管又はCD管は、それぞれ適合するカップリングにより接続する。
- (3)　硬質ビニル管と金属管等異種管との接続は、ボックス又は適合するカップリングにより接続する。
- (4)　ボックス等との接続は、ハブ付ボックス又はコネクタを使用し、(1)に準ずる。
- (5)　ボックス等に接続しない管端は、電線の被覆を損傷しないようにブッシング、キャップ等を取付ける。
- (6)　湿気の多い場所又は水気のある場所に施設する配管の接続部は、防湿又は防水処置を施す。

2.4.6
管の養生及び清掃

　管の養生及び清掃は、2.2.6「管の養生及び清掃」による。

2.4.7
位置ボックス及びジョイントボックス

　位置ボックス及びジョイントボックスは、2.3.7「位置ボックス及びジョイントボックス」による。

2.4.8
プルボックス　　プルボックスは、2.2.8「プルボックス」による。

2.4.9
通　　　線　　通線は、2.2.9「通線」による。

2.4.10
回路種別の表示　　回路種別の表示は、2.2.10「回路種別の表示」による。

2.4.11
接　　　地　　接地は、第14節「接地」による。

第5節　金属製可とう電線管配線

2.5.1
電　　　線　　電線は、EM-IE電線等とする。

2.5.2
管及び附属品　(1)　屋外で使用する管は、ビニル被覆金属製可とう電線管とする。
(2)　附属品は、管及び施設場所に適合するものとする。

2.5.3
管 の 敷 設　(1)　管と附属品の接続は、機械的、かつ、電気的に接続する。
(2)　管の曲げ半径（内側半径とする。）は管内径の6倍以上とし、管内の電線を引替えることができるように敷設する。ただし、露出場所又は点検できる隠ぺい場所で管の取外しが行える場所では、管内径の3倍以上とすることができる。
(3)　管の支持は、サドル、ハンガ等を使用し、その取付け間隔は、1m以下とする。ただし、垂直に敷設し、人が触れるおそれのない場合又は施工上やむを得ない場合は、2m以下とすることができる。また、管相互、管とボックス等の接続点及び管端から0.3m以下の箇所で管を固定する。
(4)　ボックス等との接続は、コネクタを使用し、取付ける。
(5)　金属管等との接続は、カップリングにより機械的、かつ、電気的に接続する。
(6)　ボックス等に接続しない管端には、電線の被覆を損傷しないように絶縁ブッシング、キャップ等を取付ける。
(7)　ボンディングに用いる接続線は、2.2.5「管の接続」(6)による。

2.5.4
接　　　　　地

接地は、第14節「接地」による。

2.5.5
そ　の　他

本節に明記のない事項は、第2節「金属管配線」による。

第6節　ライティングダクト配線

2.6.1
ダクトの附属品

附属品は、ダクト及び施設場所に適合するものとする。

2.6.2
ダクトの敷設

(1)　ダクト相互及び導体相互の接続は、機械的、かつ、電気的に接続する。
(2)　ダクトの支持間隔は、2m以下とする。ただし、ダクト1本ごとに2箇所以上とする。また、ダクト相互、ダクトとボックス等との接続部及びダクト端部に近い箇所で支持する。
(3)　ダクトの終端部は、エンドキャップにより閉そくする。
(4)　ダクトの開口部は、下向きに施設する。ただし、簡易接触防護措置を施した場合又はJIS C 8366「ライティングダクト」による固定Ⅱ形に適合するものは、横向きに施設することができる。

2.6.3
接　　　　　地

接地は、第14節「接地」による。

第7節　金属ダクト配線

2.7.1
電　　　　　線

電線は、EM-IE電線等とする。

2.7.2
ダクトの敷設

(1)　ダクト又はこれを支持する金物は、スラブ等の構造体につりボルト、ボルト等で取付ける。
　なお、つりボルト、ボルト等の構造体への取付けは、既存インサート、既存ボルト等又は必要な強度を有するあと施工アンカーを用いる。
(2)　ダクトの支持間隔は、3m以下とする。また、ダクト相互、ダク

トとボックス等との接続部及びダクト端部に近い箇所で支持する。ただし、配線室等において、垂直に敷設する場合は、6m以下の範囲で各階支持とすることができる。

(3)　ダクトを支持するつりボルトは、ダクトの幅が600mm以下のものは呼び径9mm以上、600mmを超えるものは呼び径12mm以上とする。

2.7.3
ダクトの接続

(1)　ダクト相互及びダクトとボックス、分電盤等との間は、ボルト等により接続する。

(2)　ダクトが床又は壁を貫通する場合は、貫通部分でダクト相互又はダクトとボックス等の接続を行ってはならない。

(3)　ダクト相互は、電気的に接続する。

(4)　ダクトとボックス、分電盤等との間は、ボンディングを施し、電気的に接続する。

(5)　ボンディングに用いる接続線は、2.2.5「管の接続」(6)による。

2.7.4
ダクト内の配線

(1)　ダクト内では、電線の接続をしてはならない。ただし、電線を分岐する場合で、電線の接続が点検できるときは、この限りでない。

(2)　ダクトのふたには、電線の荷重がかからないようにする。

(3)　ダクト内の電線は、回路ごとにひとまとめとし、電線支持物の上に整然と並べ敷設する。ただし、垂直に用いるダクト内では、1.5m以下ごとに固定する。

(4)　ダクト内から電線を外部に引出す部分には、電線保護の処置を施す。

(5)　ダクトを、防災用配線（耐火ケーブル及び耐熱ケーブルを除く。）と一般用配線とで共用する場合は、2.2.8「プルボックス」(7)による。

2.7.5
回路種別の表示

ダクト内の電線の分岐箇所、その他の要所の電線には、合成樹脂製、ファイバ製等の表示札等を取付け、回路の種別、行先等を表示する。

2.7.6
接　　　地

接地は、第14節「接地」による。

2.7.7
そ　の　他

本節に明記のない事項は、第2節「金属管配線」による。

第8節　フロアダクト配線

2.8.1
電　　　　　線

電線は、EM-IE電線等とする。

2.8.2
混　触　防　止

強電流電線と弱電流電線とは、同一のダクト又はジャンクションボックスに収めてはならない。ただし、両者間に金属製のセパレータを設け、そのセパレータにC種接地工事を施した場合は、この限りでない。

なお、両者間のインサートの間隔は、0.15m以上とする。

2.8.3
ダクト内の配線

(1)　通線は、ダクトを清掃したのち行う。
(2)　電線の接続は、ジャンクションボックス内で行う。

2.8.4
接　　　　　地

接地は、第14節「接地」による。

2.8.5
そ　　の　　他

本節に明記のない事項は、第2節「金属管配線」に準ずる。

第9節　金属線ぴ配線

2.9.1
電　　　　　線

電線は、EM-IE電線等とする。

2.9.2
線ぴの附属品

附属品は、線ぴ及び施設場所に適合するものとする。

2.9.3
線　ぴ　の　敷　設

(1)　線ぴの切口は、バリ等を除去し平滑にする。
(2)　1種金属線ぴのベースは、1m以下の間隔で、造営材に取付ける。また、線ぴ相互の接続部の両側、線ぴと附属品（ボックスを含む。）の接続部及び線ぴ端部に近い箇所で固定する。
(3)　2種金属線ぴの支持は、2.7.2「ダクトの敷設」(1)によるほか、次による。
　　(ｱ)　支持間隔は1.5m以下とし、つりボルトの呼び径は9mm以上と

する。
(ｲ)　線ぴ相互、線ぴと附属品（ボックスを含む。）の接続部及び線
ぴ端部に近い箇所で支持する。
(ｳ)　必要に応じて、振止めを施す。

2.9.4
線 ぴ の 接 続

(1)　線ぴ及び附属品は、機械的、かつ、電気的に接続する。ただし、
次のいずれの場合も、ボンディングを施し、電気的に接続する。
(ｱ)　1種金属線ぴの接続部（線ぴ相互及び線ぴとボックスの間）
(ｲ)　2種金属線ぴとボックス、管等の金属製部分の間
(2)　ボンディングに用いる接続線は、表2.2.1に示す太さの軟銅線又
は同等以上の断面積の銅帯若しくは編組銅線とする。

2.9.5
線 ぴ 内 の 配 線

(1)　1種金属線ぴ内では、電線の接続をしてはならない。
(2)　2種金属線ぴ内では、接続点の点検ができる部分で電線を分岐す
る場合のみ、電線を接続することができる。
(3)　線ぴ内から電線を外部に引出す部分には、電線保護の処置を施す。
(4)　線ぴ内の電線は、整然と並べ、電線の被覆を損傷しないように配
線する。

2.9.6
接 　 地

接地は、第14節「接地」による。

2.9.7
そ 　 の 　 他

本節に明記のない事項は、第2節「金属管配線」による。

第10節　バスダクト配線

2.10.1
バスダクト及び
附属品

附属品は、バスダクト及び施設場所に適合するものとする。

2.10.2
バスダクトの敷
設

(1)　バスダクト又はこれを支持する金物は、スラブ等の構造体につり
ボルト、ボルト等で取付ける。
なお、つりボルト、ボルト等の構造体への取付けは、既存インサ
ート、既存ボルト等又は必要な強度を有するあと施工アンカーを用

いる。

(2)　バスダクトの支持間隔は、3m以下とする。また、バスダクト相互等との接続部及びバスダクト端部に近い箇所で支持する。ただし、配線室等において、垂直に敷設する場合は、6m以下の範囲で各階支持とすることができる。

(3)　プラグインバスダクトのうち、使用しない差込口は、閉そくする。

(4)　バスダクトを垂直に取付ける場合は、必要に応じて、スプリング、ゴム等を用いた防振構造の支持物を使用する。

(5)　直線部の距離が長い箇所に、エキスパンションバスダクトを設ける場合は、特記による。

(6)　屋上に設ける屋外用バスダクトは、人が容易に触れられないよう敷設する。

2.10.3
バスダクトの接続

(1)　バスダクトが床又は壁を貫通する場合は、貫通部分で接続してはならない。

(2)　バスダクト相互、導体相互及びバスダクトと分電盤等との間は、ボルト等により接続する。

(3)　バスダクトと分電盤等との接続部には、点検ができる箇所に不可逆性の感熱表示ラベル等を貼付する。

(4)　アルミ導体と銅導体との間は、異種金属接触腐食を起こさないように接続する。

(5)　接続に使用するボルト、その他の附属品は、バスダクト専用のものを使用し、製造者の指定する工法で締付け接続を行う。

(6)　バスダクト相互及びバスダクトと分電盤等との間は、ボンディングを施し、電気的に接続する。ただし、電気的に接続されている場合には、バスダクト相互の接続部のボンディングは省略することができる。

(7)　ボンディングに用いる接続線（ボンド線）は、表2.10.1に示す太さの軟銅線又は同等以上の断面積の銅帯若しくは編組銅線とする。

表2.10.1　ボンド線の太さ

配線用遮断器等の定格電流 ［A］	ボンド線の太さ ［㎟］
400以下	22以上
600以下	38以上
1,000以下	60以上
1,600以下	100以上
2,500以下	150以上

2.10.4
回路種別の表示

バスダクトの要所には、回路の種別、行先等を表示する。

2.10.5
接　　　地

接地は、第14節「接地」による。

2.10.6
そ　の　他

本節に明記のない事項は、第2節「金属管配線」による。

第11節　ケーブル配線

2.11.1
ケーブルラック
の敷設

(1) ケーブルラック又はこれを支持する金物は、スラブ等の構造体につりボルト、ボルト等で取付ける。
なお、つりボルト、ボルト等の構造体への取付けは、既存インサート、既存ボルト等又は必要な強度を有するあと施工アンカーを用いる。

(2) ケーブルラックの水平支持間隔は、鋼製では2m以下、その他については1.5m以下とする。また、直線部と直線部以外との接続部では、接続部に近い箇所及びケーブルラック端部に近い箇所で支持する。

(3) ケーブルラックの垂直支持間隔は、3m以下とする。ただし、配線室等の部分は、6m以下の範囲で各階支持とすることができる。

(4) ケーブルラックを支持するつりボルトは、ケーブルラックの幅が呼び600㎜以下のものでは呼び径9㎜以上、呼び600㎜を超えるものでは呼び径12㎜以上とする。

(5) 終端部には、エンドカバー又は端末保護キャップを設ける。

(6) アルミ製ケーブルラックは、支持物との間に異種金属接触腐食を起こさないように取付ける。

(7)　ケーブルラック本体相互間は、ボルト等により機械的、かつ、電気的に接続する。

(8)　ケーブルラックの自在継手部及びエキスパンション部には、ボンディングを施し、電気的に接続する。ただし、自在継手部において、電気的に接続されている場合には、ラック相互の接続部のボンディングは、省略することができる。

(9)　ボンディングに用いる接続線は、2.2.5「管の接続」(6)による。

(10)　屋外に設けるケーブルラックにカバーを取付ける場合は、カバーが飛散しないように止め金具、バンド等で確実に取付ける。

2.11.2
位置ボックス及びジョイントボックス

位置ボックス及びジョイントボックスは、次によるほか、2.2.7「位置ボックス及びジョイントボックス」による。

(ア)　スイッチ、コンセント及び照明器具の取付け位置には、位置ボックスを設ける。ただし、露出形スイッチ及び露出形コンセントの場合又は二重天井内配線で照明器具に電源送り配線端子のある場合は、位置ボックスを省略することができる。

(イ)　隠ぺい配線で、心線の太さが5.5㎟以下のケーブル相互の接続を行う位置ボックス及びジョイントボックスは、心線数の合計が11本以下の場合は中形四角アウトレットボックス44以上のもの、16本以下の場合は大形四角アウトレットボックス44以上のものとする。

(ウ)　位置ボックスを通信・情報設備の配線と共用する場合は、配線相互が直接接触しないように絶縁セパレータを設ける。

(エ)　位置ボックス及びジョイントボックス（ハーネスジョイントボックスを含む。）は、造営材等に取付ける。
　　　なお、点検できない場所に設けてはならない。

2.11.3
プルボックス

プルボックスは、2.2.8「プルボックス」による。

2.11.4
ケーブルの敷設
　2.11.4.1
　共　通　事　項

(ア)　構内にちょう架して架線する場合は2.12.4「架線」により、構内の地中に埋設した管、暗きょ等に敷設する場合は第13節「地中配線」による。

(イ)　ケーブルは、重量物の圧力、機械的衝撃を受けないように敷設する。

㈡　ケーブルを曲げる場合は、被覆が損傷しないように行い、その曲げ半径（内側半径とする。）は、表2.11.1による。

表2.11.1　ケーブルの曲げ半径

ケーブルの種別	単心以外	単　心
低圧ケーブル	仕上り外径の6倍以上	仕上り外径の8倍以上
低圧遮へい付ケーブル	仕上り外径の8倍以上	仕上り外径の10倍以上
高圧ケーブル		

備考　(1)　単心2個より、単心3個より及び単心4個よりのより線における仕上り外径は、より合せ外径をいう。
　　　(2)　低圧ケーブルには、低圧の耐火ケーブル及び耐熱ケーブルを含む。

㈢　ケーブルを、ボックス、分電盤等に引入れる場合は、ゴムブッシング、合成樹脂製ブッシング等を用いてケーブルの損傷を防止する。

㈣　ケーブルの接続部付近に張力止めを施す。ただし、2.11.4.2「ケーブルの接続」(2)(ア)による場合で、コネクタ類、接続器具等で接続部に張力の加わらないものを使用する場合は、この限りでない。

2.11.4.2
ケーブルの接続

(1)　低圧ケーブル相互の接続は、次のいずれかによる。
　㈠　ケーブルの絶縁物及びシースと同等以上の効力を有するよう、適合する絶縁テープ等を巻付ける方法
　㈡　ケーブルの絶縁物及びシースと同等以上の効力を有する絶縁物を被せる方法
　㈢　合成樹脂モールド工法による方法
(2)　EM-EEケーブル相互の接続は、(1)によるほか、次のいずれかによる。
　㈠　JIS C 2813「屋内配線用差込形電線コネクタ」によるボックス不要形差込形コネクタ又は電気用品の技術上の基準を定める省令（平成25年経済産業省令第34号）で規定する圧接形コネクタ、接続器具等で、当該ケーブルに適合するものを用いる方法
　㈡　ケーブル用ジョイントボックスを用いる方法
(3)　耐火ケーブル相互及び耐熱ケーブル相互の接続は、次のいずれかによる。
　㈠　耐火ケーブル相互及び耐熱ケーブル相互の接続部分は、使用するケーブルと同等以上の絶縁性能、耐火性能及び耐熱性能を有するものとする。

　　㈠　耐熱性能の異なるケーブル相互の接続は、耐熱性能の低い方の
　　　　ケーブル接続方法とすることができる。
　　㈡　EM-CEケーブル等を耐熱配線に使用する場合のケーブル相互
　　　　の接続部分は、使用するケーブルの絶縁物又はシースと同等以上
　　　　の絶縁性能及び耐熱性能を有するものとする。
⑷　EM-高圧架橋ポリエチレンケーブル相互の接続及び端末処理は、
　　次による。
　　㈎　ケーブル導体、絶縁物及び遮へい銅テープを傷つけないように
　　　　行う。
　　㈏　屋外でケーブル相互の接続又は端末処理を行う場合に、被覆の
　　　　収縮対策を施す場合は、特記による。
　　㈐　ケーブル相互の接続は直線接続とし、次のいずれかによる。
　　　　(a)　差込式による方法
　　　　(b)　テープ巻きによる方法（乾燥した場所に限る。）
　　㈑　端末処理は、次のいずれかによる。
　　　　(a)　ゴムストレスコーン差込みによる方法
　　　　(b)　ゴムとう管を用いる方法
　　　　(c)　テープ巻きによる方法（乾燥した場所に限る。）
⑸　EM-CE ケーブル又はEM-高圧架橋ポリエチレンケーブルのシ
　　ースをはぎ取った後の絶縁体に、直射日光又は紫外線が当たるおそ
　　れのある場合は、紫外線に強い耐候性を有するテープ、収縮チュー
　　ブ等を用いて紫外線対策を施す。ただし、使用場所に適合する紫外
　　線対策を施したケーブルを使用する場合は、この限りでない。
⑹　EM-アルミCEケーブルを接続する場合は、次による。
　　㈎　EM-アルミCEケーブルと銅（銅の合金を含む。）を使用する
　　　　電線を接続する場合は、接続部分に電気的腐食が生じないように
　　　　する。
　　㈏　EM-アルミCEケーブル相互の接続は、専用の接続材を用いて
　　　　行う。

2.11.4.3
ケーブルラッ
ク配線

ケーブルラック配線は、次による。
　　(a)　ケーブルは、整然と並べ、水平部では3m以下、垂直部では
　　　　1.5m以下の間隔ごとに固定する。ただし、トレー形ケーブル
　　　　ラック水平部の場合は、この限りでない。
　　(b)　ケーブルを垂直に敷設する場合は、特定の子げたに荷重が集
　　　　中しないように固定する。
　　(c)　電力ケーブルは、積重ねを行ってはならない。ただし、次の
　　　　いずれかの場合は、この限りでない。

　　　　① 単心ケーブルの俵積み
　　　　② 分電盤2次側のケーブル
　　　　③ 積重ねるケーブルの許容電流について必要な補正を行い、配線の太さに影響がない場合

2.11.4.4
保護管等への
敷設

　保護管及び線ぴへの敷設は、次による。
　(a) ケーブルを保護する管及び線ぴの敷設は、第2節「金属管配線」から第5節「金属製可とう電線管配線」まで及び第9節「金属線ぴ配線」の当該事項による。
　(b) 垂直に敷設する管路内のケーブルは、支持間隔を6m以下として固定する。

2.11.4.5
ちょう架配線

　ちょう架配線は、次によるほか、標準図第2編「電力設備工事」(電力25) による。
　(a) 径間は、15m以下とする。
　(b) ケーブルには、張力が加わらないようにする。
　(c) ケーブルに適合するハンガ、バインド線、金属テープ等によりちょう架し、支持間隔は0.5m以下とする。

2.11.4.6
二重天井内配
線

　ケーブルを二重天井内に敷設する場合は、次によるほか、標準図第2編「電力設備工事」(電力26) による。また、2.11.4.3「ケーブルラック配線」から2.11.4.5「ちょう架配線」までによることができる。
　(a) ケーブルを支持して敷設する場合は、次による。
　　① ケーブルの支持間隔は、2m以下とする。
　　② ケーブル及び周囲環境に適合する支持具、支持材、バンド等を用い、ケーブル被覆を損傷しないよう造営材等に固定する。
　　　なお、天井つりボルト及び天井下地材には、ケーブルによる過度の荷重をかけないものとする。
　　③ ケーブルを集合して束ねる場合は、許容電流について必要な補正を行い、配線の太さに影響を与えない範囲で束ねる。
　　④ 弱電流電線と接触しないように敷設する。
　　⑤ 水管、ガス管、ダクト等と接触しないように敷設する。
　(b) ケーブルを支持せずにころがし配線とする場合は、次による。
　　① 天井下地材及び天井材には、ケーブルによる過度の荷重をかけないものとする。

②　ケーブルは、その被覆を天井下地材、天井材等で損傷しな
いように、整然と敷設する。
③　弱電流電線と接触しないように敷設する。
④　水管、ガス管、ダクト等と接触しないように敷設する。

**2.11.4.7
二重床内配線**

二重床内配線は、ころがし配線とし、次による。
(a)　ケーブルは、その被覆を二重床の支柱等で損傷しないように、
整然と敷設する。
(b)　ケーブルの接続場所は、上部の二重床が取外せる場所とし、
床上から接続場所が確認できるようマーキングを施す。
(c)　弱電流電線と接触しないようセパレータ等により処置を施
す。
(d)　空調吹出口付近に、ケーブルが集中しないように敷設する。

**2.11.4.8
垂直ケーブル
配線**

配線室等において、ケーブル頂部を構造体に固定し、垂直につり下
げて配線する垂直ケーブルは、次によるほか、標準図第2編「電力設
備工事」（電力27）による。
(a)　つり方式は、プーリングアイ方式又はワイヤグリップ方式と
する。
(b)　ケーブル及びその支持部分の安全率は、4以上とする。
(c)　各階ごとに振止め支持を施す。
(d)　ワイヤグリップ方式の支持間隔は、6m以下とする。

**2.11.4.9
造営材沿い配
線**

ケーブルを造営材に沿わせて敷設する場合の支持間隔は、表2.11.2
による。
なお、ケーブル支持材は、ケーブル及びその敷設場所に適合するサ
ドル、ステープル等を使用する。

表2.11.2　造営材沿い配線の支持間隔

敷　設　区　分	支持間隔［m］
造営材の側面又は下面において水平方向に敷設するもの	1以下
人が触れるおそれがあるもの	1以下
その他の場所	2以下
ケーブル相互並びにケーブルとボックス及び器具との接続箇所	接続箇所から0.3以下

2.11.5
ケーブルの造営
材貫通

(1)　ケーブルが造営材を貫通する場合は、合成樹脂管、がい管等を使用し、ケーブルを保護する。ただし、EM-EEFケーブル等が木製野縁を貫通する場合は、この限りでない。

(2)　メタルラス、ワイヤラス又は金属板張りの造営材をケーブルが貫通する場合は、硬質ビニル管又はがい管に収める。

2.11.6
回路種別の表示

ケーブルの要所には、合成樹脂製、ファイバ製等の表示札、表示シート等を取付け、回路の種別、行先等を表示する。

2.11.7
接　　　　地

接地は、第14節「接地」による。

第12節　架空配線

2.12.1
建　　　　柱

(1)　電柱の根入れは、表2.12.1による。ただし、傾斜地、岩盤等では、根入れ長さを適宜増減することができる。

表2.12.1　電柱の根入れの長さ

材質区分	設計荷重〔kN〕	全長〔m〕	根入れ
コンク リート柱	6.87以下	15以下	全長の1/6以上
		15を超え16以下	2.5m以上
		16を超え20以下	2.8m以上
	6.87を超え 9.81以下	14を超え15以下	全長の1/6以上＋0.3m
		15を超え20以下	2.8m以上
鋼管柱、 鋼板組立柱	6.87以下	15以下	全長の1/6以上
		15を超え16以下	2.5m以上

(2)　根かせは、次による。

　　(ア)　根かせの埋設深さは、地表下0.3m以上とする。

　　(イ)　根かせは、電線路の方向と平行に取付ける。ただし、引留箇所は、直角に取付ける。

　　(ウ)　コンクリート根かせは、径13mm以上の溶融亜鉛めっきUボルトで締付ける。

(3)　電柱には、名札（屋外に設置しても容易に消えない方法により、建設年月、その他を記載したもの）を確認が容易な場所に設ける。

(4)　電柱に設ける足場ボルトは、道路に平行に取付けるものとし、地上2.6mの箇所より、低圧架空配線では最下部電線の下方約1.2m、高圧架空配線では高圧用アームの下方約1.2mの箇所まで、順次柱の両側に交互に取付け、最上部は2本取付ける。

2.12.2 腕金等の取付け

(1)　腕金等は、これに架線する電線の太さ及び条数に適合するものとする。

(2)　腕金は、1回線に1本設けるものとし、負荷側に取付ける。ただし、電線引留柱においては、電線の張力の反対側とする。

(3)　腕金は、電線路の内角が大きい場合は、電柱をはさみ2本抱合せとし、内角が小さい場合は、両方向に対し別々に設ける。

(4)　腕金は、溶融亜鉛めっきボルトを用い電柱に取付け、アームタイにより補強する。

(5)　コンクリート柱で貫通ボルト穴のない場合には、腕金はアームバンドで取付け、アームタイは、アームタイバンドで取付ける。ただし、アームタイレスバンドを用いる場合は、この限りでない。

(6)　抱え腕金となる場合は、抱えボルトを使用し、平行となるよう締付ける。

(7)　腕金の取付け穴加工は、防食処理前に行う。

2.12.3
がいしの取付け

(1) がいしは、架線の状況により、ピンがいし、引留がいし等使用箇所に適合するものとする。

(2) がいし間の距離は、高圧線間において　0.4m以上、低圧線間において0.3m以上とする。

　なお、昇降用の空間を設ける場合は、電柱の左右両側を0.3m以上とする。

(3) バインド線は、銅ビニルバインド線とし、バインド線の太さ等は、表2.12.2による。

表2.12.2　ピンがいしのバインド

電線の心線太さ [mm]	バインド線の太さ [mm]	ピンがいしのバインド法
3.2以下	1.6	両たすき3回一重
4.0以上	2.0	両たすき3回二重

2.12.4
架　　　線

(1) 架線は、原則として径間の途中で接続を行ってはならない。

(2) 絶縁電線相互の接続箇所は、カバー又はテープ巻きにより絶縁処理を施す。

(3) 架空ケーブルのちょう架用線には亜鉛めっき鋼より線等を使用し、次のいずれかによる。

　(ア) 間隔0.5m以下ごとにハンガを取付けてケーブルをつり下げる。

　(イ) ケーブルとちょう架用線を接触させ、その上に腐食し難い金属テープ等を0.2m以下の間隔を保って、ら旋状に巻付けてちょう架する。

(4) 引込口は、雨水が屋内に浸入しないようにする。

2.12.5
支線及び支柱

(1) 支線及び支柱の本柱への取付け位置は、高圧線の下方とする。

　なお、支線は、高圧線より0.2m以上、低圧線より0.1m以上離隔させる。ただし、危険を及ぼすおそれがないように施設したものは、この限りでない。

(2) 支線は、安全率2.5以上とし、かつ、許容引張荷重4.31kN以上の太さの亜鉛めっき鋼より線等を使用する。

(3) 支柱は、本柱と同質のものを使用する。

(4) コンクリート柱に支線を取付ける場合は、支線バンドを用いて取付ける。

(5)　支線の基礎材は、その引張荷重に耐えるように施設する。

(6)　下部に腐食のおそれのある支線は、その地ぎわ上下約0.3mの箇所には、支線用テープを巻付ける等適切な防食処理を施す。ただし、支線棒を用いる場合は、この限りでない。

(7)　支線には、支線が切断した場合であっても地表上2.5m以上となる位置に玉がいしを取付ける。

(8)　人及び車両の通行に支障を来すおそれがある場所に、やむを得ず支線を設ける場合は、支線ガードを設ける。

2.12.6 接　　地

接地は、第14節「接地」による。

第13節　地中配線

2.13.1 一　般　事　項

本節によるほか、JIS C 3653「電力用ケーブルの地中埋設の施工方法」による。

2.13.2 掘削及び埋戻し

次によるほか、第1編第2章「共通工事」の当該事項による。

(ア)　掘削幅は、地中配線が施工できる最小幅とする。

(イ)　埋戻しは、根切り土の中の良質土により、1層の仕上り厚さが0.3m以下となるよう均一に締固める。また、埋戻しに際して地中埋設物に損傷を与えないよう注意する。

2.13.3 マンホール及び ハンドホールの 敷設

(1)　マンホール及びハンドホールは、標準図第2編「電力設備工事」(電力62～64) による。

(2)　マンホールの壁には、ケーブル及び接続部の支持材を取付ける。
　　なお、支持材が金属製の場合は、溶融亜鉛めっき仕上げ又はステンレス鋼製とし、陶製、木製等の枕を設ける。

2.13.4 管路等の敷設

(1)　管は、突起、破損、障害物等通線に支障を生ずるおそれのないものを使用する。

(2)　管は、不要な曲げ、蛇行等があってはならない。

(3)　防食処理されていない鋼管及び金属管は、厚さ0.4mmの防食テープを1/2重ね2回以上巻付ける。

(4)　管相互の接続は、管内に水が浸入し難いように接続する。

　　なお、異種管の接続には、異物継手を使用する。

(5)　管とマンホール及びハンドホールとの接続は、マンホール及びハンドホール内部に水が浸入し難いように接続する。

(6)　管と建物との接続部は、標準図第2編「電力設備工事」（電力68）によるほか、屋内に水が浸入しないように耐久性のあるシーリング材等を充てんする。

(7)　架空配線からの引込みは、標準図第2編「電力設備工事」（電力70）による。

(8)　硬質ビニル管、波付硬質合成樹脂管等の敷設は、良質土又は砂を均一に5cm程度敷きならした後に管を敷設し、管の上部を同質の土又は砂を用いて締固める。

　　なお、マンホール及びハンドホールとの接続部には、ベルマウス等を設ける。

(9)　地中配線には、標識シート等を2倍長以上重ね合わせて管頂と地表面（舗装のある場合は、舗装下面）のほぼ中間に設け、おおむね2mの間隔で用途又は電圧種別を、表示する。

(10)　通線を行わない管路には、管端口に防水栓等を設ける。また、この管路の長さが1m以上の場合（波付硬質合成樹脂管を除く。）は、管路に導入線（樹脂被覆鉄線等）を挿入する。

2.13.5
ケーブルの敷設

(1)　管内にケーブルを敷設する場合は、引入れに先立ち管内を清掃し、ケーブルを損傷しないように管端口を保護した後に引入れる。

(2)　ケーブルの引込口及び引出口から、水が屋内に浸入しないように防水処理を施す。

(3)　ケーブルは、要所、引込口及び引出口付近のマンホール及びハンドホール内で余裕をもたせる。

(4)　マンホール及びハンドホール内でケーブルを接続する場合は、合成樹脂モールド工法等の防水性能を有する工法とする。

(5)　ケーブルは、管路内に接続部があってはならない。

(6)　ケーブルの曲げ半径は、表2.11.1による。

(7)　ケーブルを建物外壁又は電柱に沿って立上げる場合は、地表上2.5mの高さまで保護管に収め、保護管の端部には、雨水の浸入防止用カバー等を取付ける。

(8)　埋設標の敷設は、標準図第2編「電力設備工事」（電力69）による。

2.13.6
回路種別の表示

　　マンホール、ハンドホール等の要所のケーブルには、合成樹脂製、

ファイバ製等の表示札、表示シート等を取付け、回路の種別、行先等を表示する。

2.13.7 接　　　　地

接地は、第14節「接地」による。

第14節　接　　地

2.14.1 A種接地工事を施す電気工作物

次の電気工作物には、A種接地工事を施す。

(ｱ)　高圧又は特別高圧の機器の鉄台及び金属製外箱。ただし、高圧の機器で人が触れるおそれがないように木柱、コンクリート柱その他これに類する絶縁性のものの上に施設する場合及び鉄台又は外箱の周囲に適切な絶縁台を設けた場合は、省略することができる。

(ｲ)　高圧ケーブルを収める金属管、防護装置の金属製部分、ケーブルラック、金属製接続箱及びケーブルの被覆に使用する金属体。ただし、接触防護措置を施す場合は、D種接地工事とすることができる。

(ｳ)　高圧又は特別高圧の母線等を支持する金属製の部分

(ｴ)　特別高圧電路と高圧電路とを結合する変圧器の高圧側に設ける放電装置

(ｵ)　高圧又は特別高圧計器用変成器の鉄心。ただし、外箱のない計器用変成器がゴム、合成樹脂等の絶縁物で被覆されたものは、この限りでない。

(ｶ)　特別高圧計器用変成器の2次側電路

(ｷ)　高圧又は特別高圧の電路に施設する避雷器

2.14.2 B種接地工事を施す電気工作物

次の電気工作物には、B種接地工事を施す。

(ｱ)　高圧電路と低圧電路とを結合する変圧器の低圧側中性点。ただし、低圧電路の使用電圧が300V以下の場合において、変圧器の構造又は配電方式により変圧器の中性点に施工し難い場合は、低圧側の一端子

(ｲ)　特別高圧電路と低圧電路とを結合する変圧器の低圧側の中性点（接地抵抗値10Ω以下）。ただし、低圧電路の使用電圧が300V以下の場合は、(ｱ)による。

(ｳ)　高圧又は特別高圧と低圧電路とを結合する変圧器であって、そ

の高圧又は特別高圧巻線との間の金属製混触防止板

2.14.3
C種接地工事を施す電気工作物

次の電気工作物には、C種接地工事を施す。

(ア)　使用電圧が300Vを超える低圧用の機器の鉄台及び金属製外箱。ただし、使用電圧が300Vを超える低圧機器で人が触れるおそれがないように木柱、コンクリート柱その他これに類する絶縁性のものの上に施設する場合及び鉄台又は外箱の周囲に適切な絶縁台を設けた場合は、省略することができる。

(イ)　金属管配線、金属製可とう電線管配線、金属ダクト配線、バスダクト配線による使用電圧が300Vを超える低圧配線の管及びダクト

(ウ)　使用電圧が300Vを超える低圧の母線等を支持する金属製の部分

(エ)　使用電圧が300Vを超える低圧ケーブル配線による電線路のケーブルを収める金属管、ケーブルの防護装置の金属製部分、ケーブルラック、金属製接続箱、ケーブルの金属被覆等

(オ)　金属管配線、合成樹脂管配線、金属製可とう電線管配線、金属ダクト配線、金属線ぴ配線による低圧配線と弱電流電線を堅ろうな隔壁を設けて収める場合の電線保護物の金属製部分

(カ)　使用電圧が300Vを超える低圧の合成樹脂管配線に使用する金属製ボックス及び粉じん防爆型フレクシブルフィッチング

(キ)　ガス蒸気危険場所又は粉じん危険場所内の低圧の電気機器の外箱、鉄枠、照明器具、可搬形機器、キャビネット、金属管とその附属品等露出した金属製部分

(ク)　使用電圧が300Vを超える低圧計器用変成器の鉄心。ただし、外箱のない計器用変成器がゴム、合成樹脂等の絶縁物で被覆されたものは、この限りでない。

(ケ)　使用電圧が300Vを超える低圧回路に用いる低圧用SPD

2.14.4
D種接地工事を施す電気工作物

次の電気工作物には、D種接地工事を施す。

(ア)　使用電圧が300V以下の機器の鉄台及び金属製外箱。ただし、使用電圧が300V以下の低圧機器で人が触れるおそれがないように木柱、コンクリート柱その他これに類する絶縁性のものの上に施設する場合及び鉄台又は外箱の周囲に適切な絶縁台を設けた場合は、この限りでない。

(イ)　外灯の金属製部分

(ウ)　使用電圧が300V以下の金属管配線、金属製可とう電線管配線、

金属ダクト配線、ライティングダクト配線（合成樹脂等の絶縁物で金属製部分を被覆したダクトを使用した場合を除く。）、フロアダクト配線、バスダクト配線、金属線ぴ配線に使用する管、ダクト、線ぴ、その附属品、300V以下のケーブル配線に使用するケーブル防護装置の金属製部分、金属製接続箱、ケーブルラック、ケーブルの金属被覆等

(エ) 使用電圧が300V以下の合成樹脂管配線に使用する金属製ボックス及び粉じん防爆型フレクシブルフィッチング

(オ) 使用電圧が300V以下の母線等を支持する金属製の部分

(カ) 高圧地中線路に接続する金属製外箱

(キ) 地中配線を収める金属製の暗きょ、管及び管路（地上立上り部を含む。）、金属製の電線接続箱、地中ケーブルの金属被覆等

(ク) 低圧又は高圧架空配線にケーブルを使用し、これをちょう架する場合のちょう架用線及びケーブルの被覆に使用する金属体。ただし、低圧架空配線にケーブルを使用する場合において、ちょう架用線に絶縁電線又はこれと同等以上の絶縁効力のあるものを使用する場合は、ちょう架用線の接地を省略することができる。

(ケ) 使用電圧が300V以下の計器用変成器の鉄心。ただし、外箱のない計器用変成器がゴム、合成樹脂等の絶縁物で被覆されたものは、この限りでない。

(コ) 使用電圧が300V以下の低圧回路に用いる低圧用SPD

(サ) 高圧計器用変成器の2次側電路

2.14.5
D種接地工事の省略

D種接地工事を施す電気工作物のうち、次の場合は接地工事を省略することができる。

(ア) 屋内配線の使用電圧が直流300V又は交流対地電圧150V以下で簡易接触防護措置を施す場合又は乾燥した場所で次のいずれかの場合

　(a) 長さ8m以下の金属管及び金属線ぴ（2種金属線ぴ内に接続点を設ける場合を除く。）を施設するとき

　(b) 長さ8m以下のケーブル防護装置の金属製部分及びケーブルラックを施設するとき

(イ) 使用電圧が300V以下の合成樹脂管配線に使用する金属製ボックス及び粉じん防爆型フレクシブルフィッチングで、次のいずれかの場合

　(a) 乾燥した場所に施設するとき

　(b) 屋内配線で使用電圧が直流300V又は交流対地電圧150V以下の場合において、簡易接触防護措置を施すとき

(ｳ)　使用電圧が300V以下で、次のいずれかの場合
  (a)　4m以下の金属管を乾燥した場所に施設するとき
  (b)　4m以下の金属製可とう電線管及び金属線ぴ（2種金属線ぴ内に接続点を設ける場合を除く。）を施設するとき
  (c)　長さ4m以下のケーブルの防護装置の金属製部分及びケーブルラックを施設するとき
(ｴ)　使用電圧が直流300V以下又は対地電圧が交流150V以下の機器を乾燥した場所に施設する場合
(ｵ)　対地電圧が150V以下で、長さ4m以下のライティングダクトを施設する場合
(ｶ)　地中配線を収める金属製の暗きょ、管及び管路（地上立上り部を含む。）、金属製の電線接続箱及び地中ケーブルの金属被覆であって、防食措置を施した部分
(ｷ)　マンホール又はハンドホール内におけるケーブル用金属製支持材を施す場合

2.14.6
**C種接地工事を
D種接地工事に
する条件**

　C種接地工事を施す電気工作物のうち、使用電圧が300Vを超えるもので接触防護措置を施す場合で、次のものは、D種接地工事とすることができる。
(ｱ)　金属管配線に使用する管
(ｲ)　合成樹脂管配線に使用する金属製ボックス及び粉じん防爆型フレクシブルフィッチング
(ｳ)　金属製可とう電線管配線に使用する可とう管
(ｴ)　金属ダクト配線に使用するダクト
(ｵ)　バスダクト配線に使用するダクト
(ｶ)　ケーブル配線に使用する管その他の防護装置の金属製部分、ケーブルラック、金属製接続箱及びケーブルの金属被覆

2.14.7
照明器具の接地

　照明器具には、次の接地工事を施す。
(ｱ)　LED照明器具の金属製部分及びLED制御装置を別置とする場合の金属製外箱には、D種接地工事。ただし、次の場合は接地工事を省略することができる。
  (a)　照明器具が二重絶縁構造である場合
  (b)　使用電圧が直流300V以下又は対地電圧が交流150V以下の照明器具を乾燥した場所に施設する場合
  (c)　照明器具の外郭が合成樹脂等耐水性のある絶縁物製のものである場合

(d)　LED制御装置を別置とする場合において、次のいずれかの場合

①　照明器具とLED制御装置の間の回路の対地電圧が150V以下のものを乾燥した場所に施設する場合

②　乾燥した場所に施設する場合において、簡易接触防護措置（金属製のものであって、設備と電気的に接続するおそれがあるもので防護する場合を除く。）を施し、かつ、照明器具及びLED制御装置の外箱の金属製部分が、金属製の造営材と電気的に接続しないように施設する場合

(イ)　管灯回路の使用電圧が300Vを超える低圧で、かつ、放電灯用変圧器の2次短絡電流又は管灯回路の動作電流が1Aを超える放電灯用安定器の外箱及び放電灯器具の金属製部分には、C種接地工事

(ウ)　次の照明器具の金属製部分及び安定器別置とする場合の安定器外箱にはD種接地工事。ただし、二重絶縁構造のもの、管灯回路の対地電圧が150V以下の放電灯を乾燥した場所に施設する場合は、接地工事を省略することができる。

(a)　FHF32形以上のHf蛍光灯器具

(b)　32W以上のコンパクト形蛍光ランプを用いる照明器具

(c)　HID灯等の放電灯器具

(d)　対地電圧が150Vを超える放電灯以外の照明器具

(e)　防水器具及び湿気、水気のある場所で人が容易に触れるおそれのある場所に取付ける器具。ただし、外郭が合成樹脂等耐水性のある絶縁物製のものを除く。

2.14.8
電熱装置の接地

電熱装置の次の部分に、使用電圧が300Vを超える低圧のものにはC種接地工事、使用電圧が300V以下のものにはD種接地工事を施す。

(ア)　発熱線等のシース又は補強層に使用する金属体

(イ)　発熱線等の支持物又は防護装置の金属製部分

(ウ)　発熱線等の金属製外郭

2.14.9
接　地　線

接地線は、緑色、緑／黄又は緑／色帯のEM-IE電線等を使用し、その太さは、次による。ただし、ケーブルの一心を接地線として使用する場合は、緑色の心線とする。

(ア)　A種接地工事

(a)　接地母線及び避雷器　　　　14　㎟以上

(b)　その他の場合　　　　　　　5.5㎟以上

⒤　B種接地工事は、表2.14.1による。

表2.14.1　B種接地工事の接地線の太さ

変圧器1相分の容量			接地線の太さ
100V級	200V級	400V級	
5kVA以下	10kVA以下	20kVA以下	5.5㎟以上
10kVA以下	20kVA以下	40kVA以下	8　㎟以上
20kVA以下	40kVA以下	75kVA以下	14　㎟以上
40kVA以下	75kVA以下	150kVA以下	22　㎟以上
60kVA以下	125kVA以下	250kVA以下	38　㎟以上
100kVA以下	200kVA以下	400kVA以下	60　㎟以上
175kVA以下	350kVA以下	700kVA以下	100　㎟以上
250kVA以下	500kVA以下	1,000kVA以下	150　㎟以上

備考　⑴　「変圧器1相分の容量」とは、次の値をいう。
　　　　　なお、単相3線式は200V級を適用する。
　　　　㋐　三相変圧器の場合は、定格容量の1/3
　　　　⒤　単相変圧器同容量の△結線又はY結線の場合は、単相変圧器
　　　　　の1台分の定格容量
　　　　㋒　単相変圧器同容量のV結線の場合は、単相変圧器1台分の定
　　　　　格容量、異容量のV結線の場合は、大きい容量の単相変圧器の
　　　　　定格容量
　　　⑵　表2.14.1による接地線の太さが、表2.14.2により変圧器の低
　　　　圧側を保護する配線用遮断器等に基づいて選定される太さより細
　　　　い場合は、表2.14.2による。

㋒　C種接地工事又はD種接地工事は、表2.14.2による。

表2.14.2　C種又はD種接地工事の接地線の太さ

配線用遮断器等の定格電流	接地線の太さ
30A以下	1.6mm以上*
60A以下	2.0mm以上*
100A以下	5.5㎟以上*
150A以下	8　㎟以上
200A以下	14　㎟以上
400A以下	22　㎟以上
600A以下	38　㎟以上
1,000A以下	60　㎟以上
1,600A以下	100　㎟以上
2,500A以下	150　㎟以上

注　＊　雷保護設備において内部雷保護の等電位ボンディ
　　　　ングを行う場合は、8㎟以上とし、適用は特記による。

� （エ）　低圧用SPDの接地線は、クラスⅠは14㎟以上、クラスⅡは5.5
㎟以上とし、防護対象機器と同一の接地に接続する。

2.14.10
A種又はB種接
地工事の施工方
法

⑴　接地極は、水気がある場所、かつ、ガス、酸等による腐食のおそ
れのない場所を選び、接地極の上端を地表面下0.75m以上の深さ
に埋設する。
⑵　接地線と接地する目的物及び接地極とは、機械的、かつ、電気的
に接続する。
⑶　接地線は、地表面下0.75mから地表上2.5mまでの部分を硬質ビ
ニル管で保護する。ただし、これと同等以上の絶縁効力及び機械的
強度のあるもので覆う場合はこの限りでない。
⑷　接地線は、接地すべき機器から0.6m以下の部分及び地中横走り
部分を除き、必要に応じて、管等に収めて損傷を防止する。
⑸　接地線を人が触れるおそれのある場所で鉄柱その他の金属体に沿
って施設する場合は、接地極を鉄柱その他の金属体の底面から
0.3m以上深く埋設する場合を除き、接地極を地中でその金属体か
ら1m以上離隔して埋設する。
⑹　雷保護設備の引下げ導線を施設してある支持物には、接地線を施
設してはならない。ただし、引込柱を除く。

2.14.11
C種又はD種接
地工事の施工方
法

2.14.10「A種又はB種接地工事の施工方法」による。
なお、接地線の保護に、金属管を用いることができる。また、電気
的に接続されている金属管等は、これを接地線に代えることができる。

2.14.12
そ　　の　　他

⑴　接地線と被接地工作物及び接地線相互の接続は、はんだ揚げ接続
をしてはならない。
⑵　接地線を引込む場合は、水が屋内に浸入しないように施工する。
⑶　接地端子箱内の接地線には、合成樹脂製、ファイバ製等の表示札
等を取付け、接地種別、行先等を表示する。
⑷　高圧ケーブル及び制御ケーブルの金属遮へい体は、1箇所で接地
する。
⑸　計器用変成器の2次回路は、配電盤側接地とする。
⑹　接地端子箱に設ける接地は、接地端子箱内での異常時の混触を考
慮して接地する。

2.14.13
各接地と雷保護
設備、避雷器の
接地との離隔

接地極及びその裸導線の地中部分は、雷保護設備、避雷器の接地極及びその裸導線の地中部分から2m以上離す。

2.14.14
接地極位置等の
表示

接地極の埋設位置には、その付近の適切な箇所に標準図第2編「電力設備工事」（電力59）による接地極埋設標を設ける。ただし、電柱及び屋外灯並びにマンホール及びハンドホールの接地極埋設標は、省略することができる。

第15節　電灯設備

2.15.1
配　　　　線

配線は、次によるほか、第1節「共通事項」から第11節「ケーブル配線」までによる。
(ｱ)　屋内配線から分岐して照明器具に至る配線及び照明器具電源送り配線は、標準図第2編「電力設備工事」（電力21〜23）による。また、電源別置形の非常用照明器具には、耐火ケーブルを使用する。
(ｲ)　埋込形照明器具に設ける位置ボックスは、点検できる箇所に取付ける。
(ｳ)　埋込形照明器具を突合わせて設ける場合において、連結部が覆われていない器具間の二重天井内の送り配線は、2.11.4.6「二重天井内配線」による。
(ｴ)　器具側で電源送り容量を明示している場合は、電源送り配線の最大電流はその表示以下とする。
(ｵ)　単極のスイッチに接続する配線は、電圧側とする。

2.15.2
電 線 の 貫 通

電線が金属部分を貫通する場合は、電線の被覆を損傷しないように、保護物を設ける。

2.15.3
機器の取付け及
び接続

機器の取付け及び接続は、次による。
(ｱ)　コンセントの取付けは、次による。
　(a)　2極コンセントは、刃受け穴に向かって長い方を左側に取付け、接地側極とする。

　　　(b)　電気方式が三相の3極コンセントは、接地側極を下側に取付
　　　　　ける。
　　　(c)　発電機回路のコンセントのプレート、二重床用テーブルタッ
　　　　　プ等には、一般電源回路と区別がつくよう回路種別を表示する。
　　　(d)　次のコンセントのプレートには、電圧等を表示する。
　　　　①　単相200V
　　　　②　三相200V
　　　　③　一般電源用以外（UPS回路等）
　(イ)　スイッチの取付けは、次による。
　　　(a)　タンブラスイッチは、上側又は右側を押したときに閉路とな
　　　　　るよう取付ける。ただし、3路又は4路スイッチは除く。
　　　(b)　表示部のあるリモコンスイッチ等は、点滅する照明器具が分
　　　　　かるよう表示する。ただし、点滅する照明器具が容易に視認で
　　　　　きる場合を除く。
　(ウ)　照明器具の取付けは、次による。
　　　(a)　つりボルト等による支持点数は、標準図第2編「電力設備工
　　　　　事」（電力2）により、背面形式における器具取付け穴の数と
　　　　　する。
　　　(b)　天井下地材より支持する照明器具は、脱落防止の措置を施す。
　　　(c)　ダウンライト形器具の取付けは、標準図第2編「電力設備工
　　　　　事」（電力23）による。
　(エ)　分電盤、耐熱形分電盤、OA盤、実験盤及び開閉器箱の盤類の
　　　　取付けは、次による。
　　　(a)　分割して搬入し、組立てる盤類の相互間は、隙間がないよう
　　　　　ライナ等を用いて水平に固定する。
　　　(b)　主回路の配線接続部は、締付けの確認を行い、印を付ける。
　　　　　ただし、差込み式端子を用いる場合は除く。
　　　　　　なお、主回路の配線接続にボルトを用いる場合は、製造者が
　　　　　規定するトルク値で締付け、規定値であることを確認する。
　　　(c)　分電盤、OA盤及び実験盤のキャビネット内の図面ホルダに
　　　　　単線接続図等を収容し、ドアのない構造である場合は、難燃性
　　　　　透明ケース等に収容して具備する。

2.15.4
照明器具等の取
外し再使用

(1)　器具を取外し後再使用する場合は、次による。
　(ア)　取外しを行う場合は、当該分岐回路の開閉器等を開路して行う。
　(イ)　開閉器等の開路を行う前に、次の現況確認を行う。
　　　(a)　分電盤内全ての開閉器等における開閉の現況
　　　(b)　取外し対象の器具の入力電圧

　　　　　　　なお、確認する器具台数は、同一室内、同一機種について、1台以上とする。

(ウ)　開路した開閉器等には、関係者以外の者及び第三者が操作しないような処置を施すとともに停電作業中の表示を行う。

(エ)　開閉器等の開路後に回路の絶縁抵抗を測定する。

(オ)　取外し前に目視により器具に損傷がないことを確認する。

(カ)　取外す場合は、器具に損傷を与えないように行う。

(キ)　取外す場合は、天井材、壁材、床材、什器備品等に損傷を与えないように行う。

(ク)　取外し後に1台ごとに劣化状況を目視点検し、絶縁抵抗を測定する。

(ケ)　取外し後に反射板、ランプ、ルーバ、カバー等は、中性洗剤等で清掃し、他の部分はウェス等で清掃する。

(コ)　再取付け前に再度絶縁抵抗を測定し、監督職員に報告する。

(サ)　ランプ及び電球は、再使用する。ただし、これにより難い場合は、監督職員と協議する。

(2)　撤去は、次によるほか、(1)(ア)、(イ)(a)、(ウ)、(キ)及び第1編第1章第8節「撤去」による。

(ア)　撤去後に、安定器にPCBが入っているか確認し、監督職員に報告する。

(イ)　安定器にPCBが入っている場合は、器具から安定器を取外し、PCBが使用されている旨の表示をする。

　　　なお、取扱いについては、第1編第1章第9節「発生材の処理等」による。

(ウ)　水銀が含まれている蛍光ランプ、HIDランプ等がある場合は、取扱いについて監督職員と協議する。

2.15.5
配線器具等の取外し再使用

(1)　器具を取外し後に再使用する場合は、次による。

(ア)　取外しを行う場合は、当該分岐回路の開閉器等を開路して行う。

(イ)　取外し前の通電使用中に器具が過熱状態になっていないか、適切な方法で温度の確認をする。

(ウ)　開閉器等の開路を行う前に分電盤内全ての開閉器等における開閉の現況確認を行う。

(エ)　開路した開閉器等には、関係者以外の者又は第三者が操作しないような処置を施すとともに停電作業中の表示を行う。

(オ)　開閉器等の開路後に回路の絶縁抵抗を測定する。

(カ)　取外す場合は、器具に損傷を与えないように行う。

(キ)　器具を取外す場合は、天井材、壁材、床材、什器備品等に損傷

を与えないように行う。

　　(ク)　取外し後に1個ごとに劣化状況を目視点検する。

　　(ケ)　取外し後に化粧プレートは、中性洗剤等で清掃し、他の部分は
ウエス等で清掃する。

　(2)　撤去は、(1)(ア)から(エ)まで、(キ)及び第1編第1章第8節「撤去」に
よる。

2.15.6
分電盤等の更新

　(1)　盤の更新を行う場合は、配電盤の遮断器等を開路して行う。

　　　なお、配電盤の遮断器等に複数の盤が接続されている場合で、当
該作業において停電することが困難な場合は、幹線の解線時及び接
続時のみ遮断する方法とすることができる。ただし、幹線の端末接
続部は絶縁物で養生し、充電中注意の表示を行う。

　(2)　配電盤の遮断器等の開路を行う前に、施工に関係する配電盤の遮
断器等及び盤内全ての開閉器等における開閉の現況確認を行う。

　(3)　配電盤の遮断器等の開路を行う前に幹線の電圧、相及び極性を確
認する。

　(4)　開路した配電盤の遮断器等には、関係者以外の者又は第三者が操
作しないように処置を施すとともに停電作業中の表示を行う。

　(5)　配電盤の遮断器等の開路後に幹線、分岐回路及び制御回路の絶縁
抵抗を測定する。

　(6)　列盤等で近接する充電部がある場合は、充電部への養生と充電中
注意の表示を行う。

　(7)　解線をする場合は、回路の表示、電線の色別等を再確認する。

　(8)　幹線、分岐回路配線は、その端末を絶縁物で養生し、充電中注意
の表示を行う。

　(9)　撤去は、次によるほか、第1編第1章第8節「撤去」による。

　　(ア)　キャビネットの撤去を行う場合は、既存の配線を傷つけないよ
うに適切な方法で配線の養生、引戻し等を行う。

　　　　なお、キャビネットに接続されている電線収容物、ケーブル保
護物がキャビネットの撤去に支障がある場合は、監督職員と協議
する。

　　(イ)　撤去した分電盤等が重量物の場合は、搬出方法等を検討し、監
督職員と協議する。

　(10)　配線を接続する場合は、ターミナルラグ、キャップ等を新品に取
替える。ただし、配線が余長不足で新品への取替えが困難な場合
は、この限りでない。

　(11)　盤の取付け後に、負荷側の接続状態（電圧、相、極性、点滅、制
御等）について、必要な確認及び試験を行う。

(12)　復電後に、施工に関係した配電盤の遮断器等及び盤内全ての開閉
器等における開閉の状態が、(2)で現況確認した状況にあることを確
認する。

第16節　動力設備

2.16.1
配　　　線

配線等は、次によるほか、第1節「共通事項」から第11節「ケーブ
ル配線」までによる。
(ｱ)　電動機への配線のうち、電動機端子箱に直接接続する部分には、
金属製可とう電線管を使用するほか、標準図第2編「電力設備工
事」（電力28）による。ただし、電動機が端子箱を有していない
場合又は電動機の設置場所が二重天井内の場合は、この限りでな
い。
なお、支持架台を設ける場合は、特記による。
(ｲ)　電動機の端子箱内の絶縁処理に用いる絶縁テープは、電動機の
最高許容温度以上の耐熱性を有するものを使用する。
(ｳ)　電極棒への配線は、標準図第2編「電力設備工事」（電力29）
による。

2.16.2
電 線 の 貫 通

電線の貫通は、2.15.2「電線の貫通」による。

2.16.3
機器の取付け及
び接続

機器の取付け及び接続は、次による。
(ｱ)　分割して搬入し、組立てる制御盤の相互間は、隙間がないよう
ライナ等を用いて水平に固定する。
(ｲ)　主回路の配線接続部は、締付けの確認を行い、印を付ける。た
だし、差込み式端子を用いる場合は除く。
なお、主回路の配線接続にボルトを用いる場合は、製造者が規
定するトルク値で締付け、規定値であることを確認する。
(ｳ)　三相交流の機器は、表2.1.2の電線の色別に合わせて、第1相、
第2相、第3相の順に相回転するように接続する。
(ｴ)　制御盤の図面ホルダには、単線接続図、展開接続図、水中電動
機の銘板の写し等を具備する。

2.16.4
配線器具等の取
外し再使用

　配線器具等の取外し再使用は、2.15.5「配線器具等の取外し再使用」による。

2.16.5
制御盤等の更新

　制御盤等の更新は、2.15.6「分電盤等の更新」による。

第17節　電熱設備

2.17.1
一　般　事　項

　本節によるほか、JIS C 3651「ヒーティング施設の施工方法」による。

2.17.2
発熱線等の敷設

⑴　発熱線等は、平滑で突起がないように仕上げられた面に、損傷を受けないように敷設する。

⑵　発熱線等は、相互に直接接触させたり、重ねたりしてはならない。ただし、半導体素子その他これに類するもので抵抗温度係数の正、かつ、大きい材料を用いたものは、この限りでない。

⑶　発熱線等を曲げる場合は、被覆を損傷しないように行い、その曲げ半径（内側半径とする。）は、仕上り外径の2倍以上とする。ただし、金属材料をシース又は補強層に用いたものは、4倍以上とする。

⑷　発熱線等をコンクリート内（アスファルトコンクリートを含む。）に埋設する場合は、次による。

　㋐　発熱線等は、コンクリート打設時に移動及び損傷しないように敷設する。

　㋑　発熱線等の敷設個所に伸縮目地等がある場合は、その目地部分には配管等で保護した接続用電線を用い、かつ、張力が加わらないように施設する。

　㋒　発熱線等をアスファルトコンクリート内に埋設する場合は、保護層に用いるアスファルトコンクリートの施工時の温度を、第2種発熱線を施設する場合は150℃以下、第4種発熱線を施設する場合は180℃以下であることを確認する。

　㋓　保護層の締固めに用いるロードローラーは、第2種発熱線を施設する場合は3t（公称）以下、第4種発熱線を施設する場合は12t（公称）以下とする。
　　　なお、初期転圧の際、振動をかけないように行う。

　㋔　発熱線等の施工中、随時に導通確認及び絶縁抵抗測定を行う。

2.17.3
発熱線等の接続

発熱抵抗体相互、発熱抵抗体と接続用電線、接続用電線と配線の接続は、電流による接続部分の温度上昇がその他の部分の温度上昇より高くならないようにするほか、次による。

(ア) 発熱抵抗体相互の接続部分には、接続管その他の器具を使用する、又はろう付けし、その部分を発熱線等の絶縁物と同等以上の絶縁性能を有するもので被覆する。

(イ) 発熱線等のシース又は補強層に使用する金属体相互は、その接続部分の金属体を電気的に接続する。

(ウ) 接続部分には、張力がかからないようにする。

(エ) 発熱抵抗体相互又は発熱抵抗体と接続用電線とを接続する場合は、発熱線等の施設場所で行う。

(オ) 接続用電線と配線を接続する場合は、発熱線等の施設場所の付近、かつ、点検できる場所に施設したボックス内で行う。ただし、配線が接続用電線と兼ねて発熱抵抗体と直接接続する場合は、ボックスを省略することができる。

(カ) 接続部を屋外又は屋内の水気のある場所に施設する場合は、接続部に防水処置を施す。

2.17.4
温度センサ等の
設置

温度センサは、被加温部又は発熱線等の温度を有効に感知できる部位に設ける。

2.17.5
配線及び機器の
取付け

(1) 制御盤から発熱線等までの配線については、第1節「共通事項」及び第11節「ケーブル配線」の当該事項による。

(2) 制御盤等の取付けは、第16節「動力設備」の当該事項による。

第18節　雷保護設備

2.18.1
一　般　事　項

(1) 本節によるほか、JIS A 4201「建築物等の雷保護」及び関係法令に適合したものとする。

(2) 各種の導線、導体の接続及び支持は、異種金属接触腐食を起こさないように行う。

(3) 受雷部及び引下げ導線の取付けは、次による。

(ア) 建築基準法施行令（昭和25年政令第338号）第87条に定めるところによる風圧力に耐えるものとする。

(ｲ)　電気的応力及び不測の外力によって、断線又は緩みが生じないように行う。

(4)　内部雷保護を行う場合には、受雷部又は引下げ導線と金属製工作物並びに電力及び通信設備との絶縁は、所定の離隔距離を保つものとする。ただし、離隔距離を保つ事が困難な場合は、受雷部等と金属製工作物等に雷等電位ボンディングを施す。

2.18.2
受　雷　部

(1)　突針部の取付けは、次による。

(ｱ)　突針は突針支持管に取付け、接合は銅ろう付け又は脱落防止ねじを用いて行う。

(ｲ)　突針支持管及び取付け金具の取付けは、標準図第2編「電力設備工事」(電力50) によるほか、建物躯体への水の浸透を防止するよう行う。

(2)　水平導体、メッシュ導体又は棟上導体は、次による。

(ｱ)　約0.6m以下ごとに導体及び取付け面の材質に適合した金物を用いて取付ける。

(ｲ)　銅帯及びアルミ帯は、30m以下ごとに伸縮装置を設ける。

(ｳ)　銅帯及びアルミ帯の接続は、継手を用いる方法、ボルト締め等とする。

(3)　受雷部の構成部材相互及び引下げ導線との接続は、溶接、圧着、ねじ締め、ボルト締め等の方法により電気的に接続するものとし、標準図第2編「電力設備工事」(電力51) による。

2.18.3
引下げ導線

(1)　引下げ導線は、長さが最も短くなるように敷設する。ただし、やむを得ずコの字形に曲げる場合は、引下げ導線の最も近接する2点間の距離が、コの字形の導線長及び保護レベルに応じた安全離隔距離以上となるように敷設する。

(2)　引下げ導線の支持は、導線及び取付け面の材質に適合した止め金具を使用して取付ける。

(3)　引下げ導線を垂直に引下げる部分は約1mごとに、水平に敷設する部分は約0.6mごとに支持する。

(4)　引下げ導線相互の途中接続は行わない。ただし、やむを得ず接続する場合は、導線接続器を使用して行う。

(5)　構造体と引下げ導線は、溶接、圧着、ねじ締め、ボルト締め等の方法により電気的に接続するものとし、鉄骨及び鉄筋との接続等は、標準図第2編「電力設備工事」(電力52) による。

なお、溶接による接続の適用は、特記による。

(6)　引下げ導線は、硬質ビニル管、ステンレス鋼管（非磁性のものに限る。）等を使用して保護し、保護する範囲は、次による。

(ｱ)　地表上2.5mの高さから試験用接続端子箱までの部分

(ｲ)　試験用接続端子箱から地表面下0.75mの深さまでの部分

(ｳ)　その他導線を保護する必要のある箇所

2.18.4
接　地　極

(1)　接地極は、地表面下0.75m以上の深さに埋設する。

(2)　接地極の埋設は、次による。

(ｱ)　板状接地極、垂直接地極及び放射状接地極（水平接地極）は、標準図第2編「電力設備工事」（電力54）によるほか、ガス管から1.5m以上離隔する。

(ｲ)　環状接地極及び網状接地極は、標準図第2編「電力設備工事」（電力54）による。

(3)　接地極位置等の表示は、2.14.14「接地極位置等の表示」による。ただし、環状接地極及び網状接地極の場合は、試験用接続端子箱の付近に取付ける。

第19節　施工の立会い及び試験

2.19.1
施工の立会い

(1)　施工のうち、表2.19.1において、監督職員の指示を受けたものは、次の工程に進むに先立ち、監督職員の立会いを受ける。

(2)　(1)の立会いを受けた以後、同一の施工内容は、原則として抽出による立会いとし、抽出頻度等は監督職員の指示による。

なお、(1)の立会いを受けないものは、第1編1.2.4「工事の記録等」(4)による。

表2.19.1 施工の立会い

項目＼細目	施工内容	立会い時期
共　通	電線・ケーブル相互の接続及び端末処理	絶縁処理前
	同上接続部の絶縁処理	絶縁処理作業過程
	接地極の埋設	掘削部埋戻し前
電灯設備 動力設備 電熱設備	金属管、合成樹脂管、ケーブルラック、金属製可とう電線管等の敷設	コンクリート打設前並びに二重天井及び壁仕上げ材取付け前
	照明器具の取付け	二重天井、壁仕上げ材取付け前
	照明器具、主要機器及び盤類の取外し	取外し作業過程
	壁埋込盤類キャビネットの取付け	ボックスまわり壁埋戻し前
	主要機器及び盤類の設置	設置作業過程
	分電盤、制御盤等の改造	改造作業過程
	重量物の解体、搬入、搬出及び組立て	作業過程
	発熱線等の敷設	敷設作業過程
	発熱線等の接続及び絶縁処理	作業過程
	防火区画貫通部の耐火処理及び外壁貫通部の防水処理	処理過程
	総合調整	調整作業過程
雷保護設備	受雷部の取付け	取付け作業過程
架空配線 地中配線	電柱の建柱位置及び建柱	建柱穴掘削り前及び建柱過程
	地中電線路の敷設	掘削前及び埋戻し前
	現場打マンホール及びハンドホールの配筋等	コンクリート打設前

2.19.2
施 工 の 試 験

(1) 次により試験を行い、監督職員に試験成績書を提出し、承諾を受ける。

　(ｱ) 接地極埋設後に接地抵抗を測定する。ただし、環状接地極又は網状接地極の場合における接地抵抗測定は、電圧降下法により行い、測定時期及び回数は、特記による。

　(ｲ) 配線完了後に、次により、絶縁抵抗試験及び絶縁耐力試験を行う。また、盤類への電源配線については、電圧及び相回転の確認

を行う。
(a)　低圧配線の電線相互間及び電線と大地間の絶縁抵抗値は、JIS C 1302「絶縁抵抗計」によるもので測定し、開閉器等で区切ることのできる電路ごとに5MΩ以上とする。ただし、機器が接続された状態では1MΩ以上とする。

なお、絶縁抵抗計の定格測定電圧は、表2.19.2による。

表2.19.2　絶縁抵抗計の定格測定電圧

電路の使用電圧	定格測定電圧 [V]	
	一般の場合	制御機器等が接続されている場合
100V級		125
200V級	500	250
400V級		500

備考　「制御機器等が接続されている場合」の欄は、絶縁抵抗測定によって、制御機器等の損傷が予想される場合に適用する。

(b)　低圧回路の改修部分の絶縁抵抗測定は、500V絶縁抵抗計で分岐回路ごとに行う。幹線は開閉器等で区分される回路ごとに行う。また、改修部分に既設の電路及び機器が接続されている場合は、これを除外して行う、又は電路の使用電圧相当の絶縁抵抗計を用いて行う。
(c)　高圧配線の絶縁耐力は、電線相互間及び電線と大地間に最大使用電圧の1.5倍の試験電圧を加え、連続して10分間これに耐えるものとする。ただし、交流用ケーブルにおいては、交流による試験電圧の2倍の直流電圧による試験とすることができる。
(d)　高圧回路等の改修部分の絶縁抵抗測定は、1,000V絶縁抵抗計で行う。また、改修部分に既設の電路及び機器が接続されている場合の高圧絶縁耐力試験で、これを除外して行うことができない場合の試験電圧は、監督職員と協議する。
(ウ)　分電盤等は、据付け及び配線完了後に全数の構造試験及び動作確認試験を行う。

なお、盤の改造又は器具類の改修を行った場合は、その改造又は改修に関連する既存の器具類、回路、他の盤等を含めて試験を行う。
(エ)　照明器具は、取付け及び配線完了後に全数の点灯試験を行う。また、照明制御装置は、取付け及び配線完了後に全数の総合動作試験を行う。

なお、一般照明の照度測定については、特記による。

(オ)　非常用の照明装置は、表2.19.3により照度を測定する。

表2.19.3　非常用の照明装置の照度測定

測定方法	測定箇所
(1)　JIS C 7612「照度測定方法」に準拠し、視感度補正及び角補正が行われている低照度測定用照度計を用いて物理測定方法によって床面の水平面照度を測定する。 (2)　測定時の点灯電源は、次による。 　(ア)　電池内蔵形器具の場合は、電源切替え後のものとする。ただし、内蔵電池が過放電にならないように行う。 　(イ)　電源別置形器具の場合は、常用電源とする。 　　なお、この場合は、当該回路の電圧（分電盤内）を測定する。 (3)　測定に際し、外光の影響を受けないようにする。	監督職員の指示による。

(カ)　コンセントは、取付け及び配線完了後に全数について次の事項の確認を行う。
　(a)　極性
　(b)　接地極付又は接地端子付のものは、接地の導通
(キ)　制御盤は、据付け及び配線完了後に全数についてJSIA 113「キャビネット形動力制御盤」による現地試験を行う。試験項目は、外観構造、シーケンス及び動作特性とする。
　　なお、盤の改造又は器具類の改修を行った場合は、その改造又は改修に関連する既存の器具類、回路、他の盤等を含めて試験を行う。
(ク)　動力設備は、取付け及び配線完了後に全数について次の事項の確認を行う。
　(a)　電動機の回転方向又は相回転
　(b)　機器の発停（手動、遠方等）
　(c)　連動、インターロック
　(d)　限時継電器及び保護継電器の整定並びに電流計赤指針の設定
　(e)　警報回路の動作
(ケ)　発熱線等は、敷設過程中及び埋設完了後に導通試験及び絶縁抵抗試験を行う。
(2)　総合動作試験を必要とする場合は、特記による。
(3)　防火区画貫通の耐火処理工法は、関係法令に定めるところによる耐火性能を証明するものを監督職員に提出する。

第3編　　　受変電設備工事

第
3
編

第1章　機　　材

第1節　共通事項

1.1.1
一　般　事　項

(1) 更新、新設又は増設する機材は、標準仕様書第3編第1章「機材」による。

(2) 機器の搬入又は移設に伴い分割する必要が生じた場合は、監督職員と協議する。

第2節　開放形配電盤

1.2.1
構　造　一　般

構造は、次によるほか、標準仕様書第3編第1章1.1.2「構造一般」(5)、(6)、(8)及び(10)から(12)までによる。

(ア) 配電盤を構成する鋼板は、JEM 1459「配電盤・制御盤の構造及び寸法」の当該事項によるほか、標準仕様書第3編第1章1.1.3「キャビネット」(2)(カ)及び(キ)による。

(イ) 配電盤は、前面に名称板を設ける。名称板は、合成樹脂製（文字刻記又は文字印刷）とする。

1.2.2
導　電　部

導電部は、標準仕様書第3編第1章1.1.4「導電部」(3)から(6)まで並びに(7)(ア)、(ウ)から(オ)まで及び(キ)による。

1.2.3
が　い　し　類

がいし類は、表1.2.1に示す規格による。ただし、ドラムがいしは、製造者の標準とする。

表1.2.1　がいし類

呼　称	規　　格	
がいし	JIS C 3814	屋内ポストがいし
	JIS C 3851	屋内用樹脂製ポストがいし

1.2.4
器　具　類

　　器具類は、標準仕様書第3編第1章1.1.5「器具類」(1)から(21)まで及び(23)による。

1.2.5
予　備　品　等

　　予備品等は、標準仕様書第3編第1章1.1.8「予備品等」による。

1.2.6
表　　　示

　　次の事項を表示する銘板を前面に設ける。
　　　名称
　　　形式
　　　受電形式（相、線式及び電圧［kV］）
　　　定格周波数［Hz］
　　　受電設備容量［kVA］
　　　定格遮断電流［kA］
　　　製造者名又はその略号
　　　受注者名（別銘板とすることができる。）
　　　製造年月又はその略号
　　　製造番号

第2章　施　工

第1節　共通事項

2.1.1
事　前　確　認

作業前には、事前確認及び計測を行うものとし、次による。

(ア)　契約電力、最大需要電力、受電電圧、最大需要電流、力率等の受電状況を確認する。

(イ)　単相変圧器を増設又は更新する場合は、三相不平衡率を確認する。

(ウ)　高圧遮断器及び高圧限流ヒューズを増設又は更新する場合は、電力会社供給変電所の推奨遮断電流計算書により、定格遮断電流を確認する。

(エ)　高圧遮断器、高圧負荷開閉器、高圧限流ヒューズ等は、種類、仕様、操作方法等を確認する。

(オ)　改修の対象となる回路の計器用変流器は、変流比、定格過電流強度及び過電流継電器の整定値を確認する。

(カ)　高圧地絡遮断装置を構成する零相蓄電器、零相変流器及び地絡過電流継電器は、種類、仕様及び整定値を確認する。

(キ)　高圧進相コンデンサ及び高圧直列リアクトルは、バンク構成、容量、仕様及び制御方法を確認する。

(ク)　各変圧器は、種別、変圧比、仕様、結線方法及び負荷率を確認する。

第2節　据付け等

2.2.1
キュービクル式
配電盤、高圧ス
イッチギヤ及び
低圧スイッチギ
ヤの据付け

(1)　キュービクル式配電盤、高圧スイッチギヤ及び低圧スイッチギヤの屋内用配電盤の据付けは、次によるほか、製造者が指定する方法による。

(ア)　配電盤は、操作・点検・保守に必要な離隔距離を確保できる位置に据付ける。

(イ)　搬入時の配電盤等の寸法及び質量が、搬入経路からの搬入に支障ないことを確認する。

(ウ)　配電盤は、地震時の水平震度及び鉛直震度に応じた地震力に対し、移動又は転倒しないように、必要な強度及び本数のボルトで

床スラブ又は基礎に固定する。

なお、水平震度及び鉛直震度は、特記による。

(エ)　配電盤の強度、取付け部材の強度、取付け位置の状況等から、床スラブ又は基礎への固定だけで移動又は転倒を抑止できない場合は、鋼材等により配電盤を支持する。

(オ)　隣接する配電盤の相互間は、隙間がないようライナ等を用いて水平に固定する。

(カ)　主回路の配線接続部は、締付けの確認を行い、印を付ける。

なお、主回路の配線接続にボルトを用いる場合は、製造者が規定するトルク値で締付け、規定値であることを確認する。

(キ)　主回路の単線接続図を表面が透明板で構成されたケース等に収め、室壁面に取付ける。

(ク)　関係法令等により、注意標識等を視認しやすい場所に設ける。

(2)　キュービクル式配電盤、高圧スイッチギヤ及び低圧スイッチギヤの屋外用配電盤の据付けは、(1)((キ)を除く。)及び次によるほか、製造者が指定する方法による。

(ア)　屋外用配電盤は、支持力を有する地盤又は床スラブに基礎を据付ける。

(イ)　コンクリート製の基礎を地上に設ける場合は、標準図第3編「受変電設備工事」(受変電1)による。

なお、コンクリート基礎の上面は、モルタル仕上げとし、据付け面は水平に仕上げるほか、水が溜まらない適度な勾配を施す。

(3)　配電盤を改造した場合は、既設単線接続図等を修正する又は改造後の単線接続図等に取替える。

2.2.2 特別高圧スイッチギヤの据付け

22/33kV 特別高圧スイッチギヤ及び66/77kV 特別高圧ガス絶縁スイッチギヤの据付けは、次によるほか、2.2.1「キュービクル式配電盤、高圧スイッチギヤ及び低圧スイッチギヤの据付け」による。

(ア)　特別高圧スイッチギヤは、地震時の水平震度及び鉛直震度に応じた地震力に対して、移動又は転倒しないように、必要な強度及び本数のボルトで床スラブ又は基礎に固定する。

なお、水平震度及び鉛直震度は、特記による。

(イ)　機器の相互間は、隙間がないようライナ等を用いて水平に固定する。

2.2.3 開放形配電盤及び機器類

開放形配電盤及び機器類は、次によるほか、2.2.1「キュービクル式配電盤、高圧スイッチギヤ及び低圧スイッチギヤの据付け」((2)を

除く。）による。
- (ｱ)　配電盤の据付けは、次による。
  - (a)　配電盤は、接続金具によって配電盤取付け用の枠組みに固定する。
  - (b)　配電盤据付け後に主回路母線、裏面配線の接続等各部の調整及び締付けを行う。
  - (c)　枠組みは、壁、床又は天井に固定する。
- (ｲ)　変圧器、高圧進相コンデンサ等は、基礎ボルトで床面に固定する。

    なお、防振支持する場合は、ストッパを設ける。
- (ｳ)　枠組みは、機器等の操作時の荷重及び地震入力に耐えるものとする。
- (ｴ)　枠組みに取付ける形鋼等は、塗装を施す。
- (ｵ)　交流遮断器と機械的又は電気的にインターロックが施されていない断路器には、交流遮断器の開閉状態を機械的又は電気的に表示する装置を、断路器の操作場所に近接して設置する。ただし、負荷電流を通じない断路器においては、これを省略することができる。
- (ｶ)　保護金網等は、取外しが可能な構造とする。

2.2.4
系統連系保護制御盤、特別高圧監視制御装置及び絶縁監視装置の据付け

　系統連系保護制御盤、特別高圧監視制御装置及び絶縁監視装置の据付けは、第2編2.1.13「機器の取付け」によるほか、分割して搬入し、組立てる機器の相互間は、隙間がないようライナ等を用いて水平に固定する。

2.2.5
機器の取外し再使用

- (1)　重量物の搬出、搬入の経路及び運搬方法を検討し、監督職員と協議する。
- (2)　作業前に、作業方法、作業時期等について監督職員及び関係者と協議する。
- (3)　機器の搬出又は搬入の作業前に作業手順及び安全対策の方法を取りまとめ、監督職員に提出する。
- (4)　充電部、関係者以外の立入り禁止場所及び重量物の搬出又は搬入部分については、関係者以外の者及び第三者が近づけないように縄張りし、立入り禁止の表示をする。
- (5)　高圧回路等を開路した場合は、次による。
  - (ｱ)　高圧検電器により無電圧を確認するとともに、残留電荷を放電

　　し、短絡接地器具を用いて、確実に接地する。また、停電前、停
　　電後には高低圧回路の検電、検相及び電圧を確認する。
　⒁　復電後に高圧開閉器、遮断器等における開閉の状態が、改修前
　　と同じ状況にあることを確認する。
⑹　受変電設備機器を取外し後再使用する場合は、次による。
　㋐　機器取外し前に、目視により機器に損傷がないことを確認する。
　㋑　取外す場合は、機器に損傷を与えないように行う。
　㋒　取外し後に機器の劣化状況を目視点検する。
　㋓　絶縁状況の測定又は試験を行い、異常のないことを確認し、試
　　験成績表を監督職員に提出する。
　㋔　油入機器は、絶縁油の劣化状況の確認を行い、監督職員に報告
　　する。
　㋕　高圧開閉器及び遮断器は、接触部及び補助パレット接点の劣化
　　状況を確認し、試験成績表を監督職員に提出する。
　　　なお、真空遮断器の場合は、真空バルブの真空度試験を行う。
　㋖　保管後に高圧開閉器等を再使用する場合は、再取付け前に再度
　　点検清掃を行い、1,000V絶縁抵抗計により測定し、測定結果を
　　監督職員に提出する。
　㋗　㋐から㋖までの確認、測定結果等により、機器の再使用が困難
　　な場合は、監督職員と協議する。
⑺　配電盤等を改造する場合の取扱いは、次による。
　㋐　制御回路等を増設又は改造する場合は、高圧回路等を停止後に
　　制御電源開閉器を開放し、無電圧であることを確認後に作業を行
　　う。
　㋑　既存高圧機器操作回路を新設配電盤へ接続する場合は、制御回
　　路の整合を確認し、監督職員と協議の上、接続する。
　㋒　保護継電器を交換する場合は、製造者の試験管理値にて試験を
　　行い、試験成績表を監督職員に提出する。
　㋓　負荷の増設工事で保護継電器の整定値を変更する場合は、監督
　　職員と協議する。
⑻　受変電設備機器等の撤去は、次によるほか、⑴から⑸まで及び第
　1編第1章第8節「撤去」による。
　㋐　機器撤去後に、PCBが入っているかを確認し、監督職員に報
　　告する。
　㋑　PCB入り機器の取扱いは、第1編第1章第9節「発生材の処理等」
　　による。
　㋒　SF₆ガス入り機器等の取扱いは、次による。
　　⒜　SF₆ガスは、機器等に適合する回収装置を用い、製造者の標
　　　準により回収を行う。

(b)　回収するSF₆ガス容器の圧力が1MPa以上の場合は、ガス事業法による有資格者が作業を行うものとする。

第3節　配　線

2.3.1
開放形配電盤の
母線相互の間隔
等

(1)　高圧の母線相互の離隔距離及び母線とこれを支持する造営材等との離隔距離の最小値は表2.3.1による。

表2.3.1　母線相互等の離隔距離の最小値

場所	母線相互間	母線とこれを直接支持するフレーム及び造営材	母線とその他のフレーム及び造営材	母線と低圧母線
離隔距離の最小値[mm]	120	100	200	150

(2)　母線及び機器接続導体は、次によるほか、支持絶縁物によって枠組み等に堅固に取付け、有害な振動を生じないように施工する。
　(ア)　導体は、標準仕様書第3編1.1.4「導電部」(1)から(3)までによる。
　(イ)　母線の配置及び色別は、標準仕様書第3編1.1.4「導電部」(4)及び(5)による。
　(ウ)　母線及び機器接続導体の接続は、標準仕様書第3編1.1.4「導電部」(7)による。

2.3.2
機器への配線

(1)　高圧の機器及び電線は、人が触れないように施設する。
(2)　変圧器、交流遮断器、高圧進相コンデンサ及び直列リアクトルの機器端子の充電部露出部分には、絶縁性保護カバーを設ける。
　　なお、モールド絶縁機器の表面は、充電部とみなす。
(3)　変圧器と銅帯との接続には、可とう導体又は電線を使用し、可とう性を有するように接続するものとし、変位幅を含んだ余長を有するものとする。
(4)　機器端子等への接続は、第2編2.1.3「電線と機器端子との接続」による。

2.3.3
ケーブル配線

　　ケーブル配線は、次によるほか、第2編第2章第1節「共通事項」及び第11節「ケーブル配線」による。

　(ｱ)　ケーブルをピット内に配線する場合は、行先系統別に整然と配列する。

　(ｲ)　配電盤等のケーブル配線は、次による。

　　(a)　高圧ケーブル、低圧ケーブル及び制御ケーブルの機器等への立上り部分において、損傷を受けるおそれのある部分には、電線管等を使用して保護する。

　　　　なお、電線管等は、支持金具によって枠組みに取付ける。

　　(b)　電線管、枠組み等に添架して配線する場合は、電線又はケーブルに適合する支持具を用いて、電線の被覆又はケーブルのシースが損傷を受けにくいように整然と配列する。

　(ｳ)　制御回路の機器端子への接続は、製造者の標準のコネクタを用いることができる。

　(ｴ)　制御用の電線及びケーブルの端末には、端子符号を取付ける。

2.3.4
金属管配線等

　　金属管配線、合成樹脂管配線、金属ダクト配線、バスダクト配線等は、第2編第2章「施工」の当該事項による。

2.3.5
コンクリート貫通箇所

　　コンクリート貫通箇所は、第2編2.1.11「電線等の防火区画等の貫通」及び2.1.12「管路の外壁貫通等」によるほか、電気室床の開口部及び床貫通管の端口は、床下からの湿気、じんあい等が侵入し難いよう適切な方法によって閉そくする。

2.3.6
接　　　地

　　接地は、第2編第2章第14節「接地」による。

第4節　施工の立会い及び試験

2.4.1
施工の立会い

　(1)　施工のうち、表2.4.1において、監督職員の指示を受けたものは、次の工程に進むに先立ち、監督職員の立会いを受ける。

　(2)　(1)の立会いを受けた以後、同一の施工内容は、原則として抽出による立会いとし、抽出頻度等は、監督職員の指示による。

　　　なお、(1)の立会いを受けないものは、第1編1.2.4「工事の記録等」

(4)による。

表2.4.1 施工の立会い

施工内容	立会い時期
基礎の位置、地業、配筋等	コンクリート打設前
基礎ボルトの位置及び取付け	ボルト取付け作業過程
主要機器及び盤類の設置	設置作業過程
主要機器及び盤類の取外し	取外し作業過程
重量物の解体、搬入、搬出及び組立て	作業過程
配電盤等の改造	改造作業過程
事前確認及び停復電操作	作業過程
金属管、合成樹脂管、ケーブルラック、金属製可とう電線管等の敷設	コンクリート打設前並びに二重天井及び壁仕上げ材取付け前
電線・ケーブルの敷設	敷設作業過程
既設電線・ケーブルの切断	切断作業過程
電線・ケーブル相互の接続及び端末処理	絶縁処理前
同上接続部の絶縁処理	絶縁処理過程
電線・ケーブルの機器への接続	接続作業過程
防火区画貫通部の耐火処理及び外壁貫通部の防水処理	処理過程
接地極の埋設	掘削部埋戻し前
総合調整	調整作業過程

2.4.2
保護継電器の整定等

(1) 試験に先立ち、保護継電器(地絡及び過電流)の保護協調曲線を作成し、監督職員に提出し、承諾を受ける。
(2) 監督職員の承諾を受けたものに基づき、整定する。

2.4.3
施 工 の 試 験

(1) 機器の設置及び配線完了後に、表2.4.2により試験を行い、監督職員に試験成績書を提出し、承諾を受ける。

表2.4.2　施工の試験

試験の種類	試験項目	試験方法
構 造 試 験	構　　造	製造者の社内規格による試験方法により、設計図書に示されている構造であることを確認する。
性 能 試 験	絶 縁 抵 抗	標準仕様書第3編1.9.1「試験」表1.9.3に示す絶縁抵抗試験による。
	耐 電 圧	特別高圧及び高圧充電部の相互間及び大地間において、表2.4.3に示す耐電圧試験による。
	継電器特性	標準仕様書第3編1.9.1「試験」表1.9.5に示す継電器試験による。
	総 合 動 作	標準仕様書第3編1.9.1「試験」表1.9.2に示す総合動作試験による。
	接 地 抵 抗	標準仕様書第2編2.18.2「施工の試験」(1)(ｱ)による。

備考　(1)　試験個数は、全数とする。
　　　(2)　絶縁抵抗試験及び耐電圧試験に不適切な部分は、これを除外して行う。

表2.4.3　耐電圧試験

電圧印加箇所		印加電圧	印加時間	摘　要
特別高圧主回路と大地間	72/84kV（中性点接地系）	1.1E	10分間	ケーブルを使用する交流の電路の印加電圧は、DCとすることができる。
		2.2E(DC)		
	24/36kV	1.25E		
		2.5E(DC)		E：最大使用電圧
高圧充電部相互間及び大地間		1.5E		
		3.0E(DC)		

(2)　変圧器ごとに低圧回路の漏れ電流を測定し、監督職員に試験成績書を提出し、承諾を受ける。

(3)　絶縁監視装置の試験は、次により行い、監督職員に試験成績書を提出し、承諾を受ける。

　(ｱ)　配線完了後に、第2編2.19.2「施工の試験」(1)(ｲ)により絶縁抵抗及び絶縁耐力試験を行う。
　　　ただし、不適切な部分は、これを除外して行う。

　(ｲ)　機器の設置及び配線完了後に、標準仕様書第3編2.3.3「施工の試験」表2.3.4により試験を行う。

第4編　　電力貯蔵設備工事

第
4
編

第1章　機　　材

第1節　共通事項

1.1.1
一　般　事　項

(1)　更新、新設及び増設する機材は、標準仕様書第4編第2章「機材」による。

(2)　機器の搬入又は移設に伴い分割する必要が生じた場合は、監督職員と協議する。

第2章　施　工

第1節　共通事項

2.1.1
事　前　確　認

作業前には、事前確認及び計測を行うものとし、次による。
- (ア)　作業対象となる範囲及びその配線系統を確認し、作業対象外の系統と明確に区別ができるよう表示する。
- (イ)　蓄電池類のケース破損及び液漏れ点検を行い、他の機器類への影響等を確認する。
- (ウ)　指示計器類の動作及び保護装置の確認を行う。

第2節　据付け等

2.2.1
架台、盤類の
据付け

(1)　直流電源装置、交流無停電電源装置（以下「UPS」という。）及び電力平準化用蓄電装置の架台、盤類の据付けは、次によるほか、製造者が指定する方法による。ただし、簡易形、ラインインタラクティブ方式及び常時商用給電方式のUPSである場合は、移動又は転倒しないように据付けるものとし、(ア)、(イ)及び(ク)によるほか、特記による。
- (ア)　架台、盤類は、操作・点検・保守に必要な離隔距離を確保できる位置に据付ける。
- (イ)　搬入時の架台、盤類の寸法及び質量が、搬入経路からの搬入に支障ないことを確認する。
- (ウ)　架台、盤類は、地震時の水平震度及び鉛直震度に応じた地震力に対し、移動又は転倒しないように、必要な強度及び本数のボルトで床スラブ又は基礎に固定する。
　　なお、水平震度及び鉛直震度は、特記による。
- (エ)　キャビネットの強度、取付け部材の強度、取付け位置の状況等から、床スラブ又は基礎への固定だけで移動又は転倒を抑止できない場合は、鋼材等により架台、盤類を支持する。
- (オ)　隣接する架台、盤類の相互間は、隙間がないようライナ等を用いて水平に固定する。
- (カ)　主回路の配線接続部は、締付けの確認を行い、印を付ける。
　　なお、主回路の配線接続にボルトを用いる場合は、製造者が規

定するトルク値で締付け、規定値であることを確認する。

(キ) 主回路の単線接続図を表面が透明板で構成されたケース等に収め、室壁面に取付ける。

(ク) 関係法令等により、注意標識等を視認しやすい場所に設ける。

2.2.2
分散電源エネルギーマネジメントシステムの機器の据付け

分散電源エネルギーマネジメントシステムの機器の据付けは、次によるほか、第2編2.1.13「機器の取付け」による。

(ア) 分割して搬入し、組立てる機器の相互間は、隙間がないようライナ等を用いて水平に固定する。

(イ) 機器の表面又は室壁面に、単線接続図、操作説明等の表示を備え取付ける。

2.2.3
機器の取外し再使用

次によるほか、第3編2.2.5「機器の取外し再使用」による。

(ア) 蓄電池の端子部は、接地及び短絡をさせないよう措置する。

(イ) 蓄電池と既設配線との解線及び接続は、確実に行う。

(ウ) 蓄電池の電解液の処理は、特記による。

第3節　配　　線

2.3.1
ケーブル配線

ケーブル配線は、次によるほか、第2編第2章第1節「共通事項」及び第11節「ケーブル配線」による。

(ア) ケーブルをピット内に配線する場合は、行先系統別に整然と配列する。

(イ) 制御回路等の機器端子等への接続は、製造者の標準のコネクタ等を用いることができる。

2.3.2
金属管配線等

金属管配線、合成樹脂管配線、金属ダクト配線、バスダクト配線等は、第2編第2章「施工」の当該事項による。

2.3.3
最大使用電圧が60V以下の回路の配線

最大使用電圧が60V以下の回路の配線は、第7編第2章第3節「配線」による。

2.3.4
コンクリート貫通箇所

コンクリート貫通箇所は、第2編2.1.11「電線等の防火区画等の貫通」及び2.1.12「管路の外壁貫通等」によるほか、電気室床の開口部及び床貫通管の端口は、床下からの湿気、じんあい等が侵入し難いよう適切な方法によって閉そくする。

2.3.5
接　　地

接地は、第2編第2章第14節「接地」による。

第4節　施工の立会い及び試験

2.4.1
施工の立会い

(1)　施工のうち、表2.4.1において、監督職員の指示を受けたものは、次の工程に進むに先立ち、監督職員の立会いを受ける。
(2)　(1)の立会いを受けた以後、同一の施工内容は、原則として抽出による立会いとし、抽出頻度等は、監督職員の指示による。
　なお、(1)の立会いを受けないものは、第1編1.2.4「工事の記録等」(4)による。

表2.4.1　施工の立会い

施工内容	立会い時期
基礎ボルトの位置及び取付け	ボルト取付け作業過程
主要機器及び盤類の設置	設置作業過程
主要機器及び盤類の取外し	取外し作業過程
重量物の解体、搬入、搬出及び組立て	作業過程
配電盤等の改造	改造作業過程
金属管、合成樹脂管、ケーブルラック、金属製可とう電線管等の敷設	コンクリート打設前並びに二重天井及び壁仕上げ材取付け前
電線・ケーブルの敷設	敷設作業過程
電線・ケーブル相互の接続及び端末処理	絶縁処理前
同上接続部の絶縁処理	絶縁処理過程
EM-UTPケーブルの成端	成端作業過程
光ファイバーケーブルの融着接続	融着接続作業過程
電線・ケーブルの機器への接続	接続作業過程
防火区画貫通部の耐火処理及び外壁貫通部の防水処理	処理過程
事前確認及び停復電操作	作業過程
接地極の埋設	掘削部埋戻し前
総合調整	調整作業過程

2.4.2
施 工 の 試 験

　機器の設置及び配線完了後に、標準仕様書第4編3.3.2「施工の試験」により試験を行い、監督職員に試験成績書を提出し、承諾を受ける。

第5編　　発電設備工事

第1章 機　材

第1節　共通事項

1.1.1
一　般　事　項

(1)　更新、新設及び増設する機材は、標準仕様書第5編第1章「機材」
による。

(2)　機器の搬入又は移設に伴い分割する必要が生じた場合は、監督職
員と協議する。

第2章　施　　工

第1節　共通事項

2.1.1
事　前　確　認

(1)　ディーゼルエンジン発電設備、ガスエンジン発電設備、ガスター
ビン発電設備及びマイクロガスタービン発電設備の事前確認は、次
による。

なお、事前確認の項目と適用は、表2.1.1によるものとし、○印
のないものは、特記による。

表2.1.1　事前確認の項目と適用

項目 ＼ 工事	機器の取付け取外し				配線の改修及び更新
	発電機	原動機	配電盤	補機附属装　　置	
機能の確認	○	○	○	○	
動作の確認			○		
細部の確認	○	○		○	○
運転状態における細部の確認	○	○	○	○	○

(ア)　機能の確認は、次による。
(a)　始動用空気圧縮機の潤滑油の種類、油量及び動作を確認する。
(b)　制御装置の開閉及び遮断機能、適正ヒューズの使用、継電器
の機能、表示灯の点灯状況を確認する。
(c)　計器類の動作及び運転指示値を確認する。
(d)　結線接続部の回路、端末の変形、損傷等の有無を確認する。
(e)　接地線の変形及び接続部の損傷の有無を確認する。
(f)　固定支持ボルト、防振装置、フレキシブルジョイント等が適
正使用され、これらの変形、損傷等の有無を確認する。
(イ)　動作の確認は、発電装置がタイムスケジュール及びシーケンス
どおりに、自動始動及び自動停止するかを確認する。
(ウ)　細部の確認は、次による。
(a)　始動用空気系統は、空気タンク、空気漏れ、ドレン抜き状態
及び空気圧縮機の作動を確認する。
(b)　燃料系統は、燃料タンク内に添加剤使用の有無を確認する。
(c)　潤滑油系統は、機関潤滑油の油量、潤滑油冷却器の外観目視

及び損傷の有無、ガバナの油量、燃料噴射ポンプの油量、過給
機の油量及び発電機の軸受部油量を確認する。
- (d)　冷却水系統は、冷却水ポンプ及び配管系統の水漏れを確認する。
- (e)　調速装置は、調速リングの注油を確認する。
- (f)　過給系統は、空気冷却器の外観目視、腐食及び損傷の有無を確認する。
- (g)　機関停止中の回転計及び潤滑油圧力計の指針が零であることを確認する。
- (h)　タンクヘッド圧力を冷却水圧力計及び燃料油圧力計で確認する。
- (i)　消音器のドレン抜きの状態を確認する。
- (エ)　運転状態における細部の確認は、始動用蓄電池、始動用空気圧縮機、始動補助装置、保安装置、調速機等で負荷運転状態における確認とし、必要な場合は、特記による。
- (2)　太陽光発電設備及び風力発電設備の事前確認は、次による。
  - (ア)　表示装置は、仕様及び表示内容を確認する。
  - (イ)　計測装置は、仕様及び計測内容を確認する。
  - (ウ)　パワーコンディショナ又は制御盤は、仕様を確認する。
- (3)　系統連系を行っている発電設備の事前確認は、次による。
  - (ア)　逆潮流の有無を確認する。
  - (イ)　売電契約の内容を確認する。
  - (ウ)　系統連系保護装置は、系統連系制御の機能を確認する。

第2節　ディーゼルエンジン発電設備、ガスエンジン発電設備、ガスタービン発電設備及びマイクロガスタービン発電設備の据付け等

2.2.1
耐 震 処 置

発電装置は、地震時の水平震度及び鉛直震度に応じた地震力に対し、移動又は転倒しないように、必要な強度及び本数のボルトで基礎に固定する。また、発電装置の荷重は、内包する水、油等を含む荷重として応力を算出する。

なお、水平震度及び鉛直震度は、特記による。

2.2.2
基　　　　礎

- (1)　据付ける発電装置の荷重に耐える強度及び受圧面を有し、支持力のある地盤又は床スラブに据付ける。
- (2)　コンクリート基礎の上面は、モルタル仕上げとし、据付け面は水

平に仕上げる。ただし、屋外では、水が溜まらない適度な勾配を施す。

2.2.3 発電機及び原動機の据付け

発電機及び原動機の据付けは、次によるほか、製造者が指定する方法による。

(ア)　発電装置は、操作・点検・保守に必要な離隔距離を確保できる位置に据付ける。

(イ)　搬入時の発電装置等の寸法及び質量が、搬入経路からの搬入に支障ないことを確認する。

(ウ)　水平、中心線等がずれないように、基礎に固定する。

(エ)　発電装置内に水分、じんあい、切粉等の有害物が侵入しないように据付ける。

(オ)　発電装置内に小動物が侵入し難い処置を施す。

(カ)　関係法令等により、注意標識等を視認しやすい場所に設ける。

2.2.4 配電盤、制御装置等の据付け

配電盤、制御装置等の据付けは、第3編2.2.1「キュービクル式配電盤、高圧スイッチギヤ及び低圧スイッチギヤの据付け」による。

2.2.5 補機附属装置等の据付け

(1)　空気圧縮機は、基礎上面と水平にボルトで固定する。

(2)　空気タンクは、主そく止弁が操作しやすい位置へ床スラブ又は基礎に固定し、移動又は転倒しないよう床又は壁に支持する。

(3)　冷却塔は、自重、積雪、風圧、地震その他の振動に対して移動又は転倒しないよう、基礎又は鋼製架台にボルトで固定するものとし、次による。

(ア)　建物屋上に設ける冷却塔は、他の冷却塔から2m以上、建築物の開口部から3m以上離隔して設置する。

(イ)　冷却塔付近の配管は、その荷重が本体に作用しないように鋼材等で支持する。

2.2.6 主燃料タンク等の据付け

(1)　地下貯蔵タンクの据付けは、次によるほか、標準図第4編「発電設備工事」(発電3)による。

(ア)　地下貯蔵タンクは、危険物の規制に関する政令(昭和34年政令第306号)及び危険物の規制に関する規則(昭和34年総理府令第55号)の定めるところにより据付ける。

(ｲ)　通気管の屋外配管は、端部に引火防止網付通気口を設け、先端の位置は、地上4m以上、窓、出入口等の開口部から1m以上離隔する。ただし、地域の火災予防条例等により通気管の先端高さの変更が認められている場合は、この限りではない。

(2)　燃料小出タンクの据付けは、次によるほか、標準図第4編「発電設備工事」（発電6）による。

(ｱ)　架台は、ボルトを用いて床又は壁に固定する。

(ｲ)　燃料小出タンク下部には、タンク容量以上の容積を有する防油堤及び油だまりを設ける。

(ｳ)　通気管は、(1)(ｲ)による。

(3)　燃料ガス加圧装置は、基礎上面と水平にボルトで固定する。

2.2.7
配　管　等
2.2.7.1
配　管　一　般

(ｱ)　原動機本体と附属装置間等を連結する燃料油、燃料ガス、冷却水、始動空気等の各系統の配管は、接続完了後それぞれの耐圧試験に合格し、油漏れ、ガス漏れ、水漏れ、空気漏れ等のないように施工する。

(ｲ)　配管は、原動機及び附属装置の運転に伴う振動、温度上昇、地震入力等に対し、耐えるものとする。

(ｳ)　防露被覆又は保温被覆を施さない配管で、天井、床、壁等を貫通する見えがかり部分には、管座金を取付ける。

(ｴ)　ピット内配管は、次による。

(a)　配管支持金物は、排水等に支障がないようにピットの底又は側壁に固定する。

(b)　燃料、水、始動空気等の各管を系統別に順序よく配列し、原則として交さしないよう配管する。

(c)　ピット内より各機器に立上げる場合は、その要所にフランジ等、取外し可能なものを設けて鉛直に立上げる。

(ｵ)　管は、全てその断面が変形しないように管軸心に対して直角に切断し、その切口は平滑に仕上げる。
なお、管は、接合する前にその内部を点検し、異物のないことを確かめ、切りくず、ごみ等を除去してから接合する。

(ｶ)　耐油性ゴム及びファイバのパッキンは、燃料油及び潤滑油に用いる銅管のフランジに接着剤と併用することができる。

(ｷ)　配管の接続は、その配管に適したものとし、取外しの必要がある場合には、フランジ継手、ハウジング形継手、フレア継手等を用いる。

(ク)　配管は、コーキング修理をしてはならない。

(ケ)　管の最大支持間隔は、表2.2.1による。

なお、曲がり部分及び分岐箇所は、必要に応じて、支持する。

表2.2.1　管の最大支持間隔

呼び径［A］			20以下	25以上 40以下	50以上 80以下	100以下	125以上 300以下
間隔 ［m］	横走管	鋼管	2.0	2.0	2.0	2.0	3.0
		鋼管	1.0	1.0	1.0	2.0	2.0
	立て管	鋼管	各階に1箇所				
		鋼管					

(コ)　耐震施工は、次による。

(a)　耐震支持は、所要の強度を有していない簡易壁（ALCパネル、PCパネル、ブロック等）に支持をしてはならない。

(b)　横引き配管は、次によるほか、地震時の水平震度及び鉛直震度に応じた地震力に耐えるよう、表2.2.2により標準図第2編「電力設備工事」（電力30）のS_A種、A種又はB種耐震支持を表2.2.1の支持間隔の3倍以下ごとに行う。

なお、S_A種及びA種耐震支持は、地震時に作用する引張り力、圧縮力及び曲げモーメントそれぞれに対応する材料で構成し、S_A種耐震支持では1.0、A種耐震支持では0.6を配管の重量に乗じて算出する耐震支持材を用いることができる。また、B種耐震支持は、地震時に作用する引張り力に対応する振止め斜材のみで構成し、つり材と同等の強度を有する材料を用いる。

表2.2.2　配管の耐震支持

設置場所[*1]	特定の施設	一般の施設
上　層　階[*2] 屋上及び塔屋	S_A種耐震支持	A種耐震支持
中　間　階[*3]		
1階及び地下階	A種耐震支持	125A以上はA種耐震支持 125A未満はB種耐震支持

備考　特記がなければ、一般の施設を適用する。

注　*1　設置場所の区分は、配管を支持する床部分により適用し、天井より支持する配管は、直上階を適用する。

　　*2　上層階は、2から6階建の場合は最上階、7から9階建の場合は上層2階、10から12階建の場合は上層3階、13階建以上の場合は上層4階とする。

　　*3　中間階は、1階及び地下階を除く各階で上層階に該当しないものとする。

　　①　次のいずれかに該当する場合は、耐震支持を省略できる。
　　　⑦　40A以下の単独配管
　　　④　つり材の長さが平均0.2m以下の配管
　　②　長期荷重で支持材を選定する場合は、鉛直震度に耐えるものとして耐震支持材の算出に鉛直震度を加算しないことができる。
　　③　横引き配管の耐震支持は、管軸方向に対しても行う。
　　④　横引き配管の末端から2m以内、曲がり部及び分岐部付近には、耐震支持を行う。
(サ)　伸縮管継手を備えた配管には、その伸縮の起点として、有効な箇所に固定金物を設ける。
(シ)　原動機、ポンプ、タンク等との接続点には、振動方向及び振幅を考慮して、フレキシブルジョイントを設ける。
(ス)　配管には、防錆塗装を施し、露出部分には、仕上げ塗装を施す。ただし、銅管及びステンレス鋼管を除く。
(セ)　配管には、配管の用途及び流体の方向を明示するものとし、標準図第4編「発電設備工事」（発電9）による。
(ソ)　手動弁には、常時開又は常時閉の表示札を設ける。
(タ)　原動機等に通気管が必要な場合には、屋外まで配管する。
(チ)　温水及び蒸気配管には、保温処理を施す。
　　なお、保温材の種類、厚さ及び施工は、公共建築工事標準仕様書（機械設備工事編）第2編第3章第1節「保温工事」による。

2.2.7.2
燃料系統配管

(ア)　燃料油配管は、次による。
　(a)　管の接合は、ピット内又は露出部分で行い、原則として溶接接合とする。
　　　なお、やむを得ず埋設配管でねじ接合を行う場合は、継手部にコンクリート製点検ますを設ける。
　(b)　ねじ接合及びフランジ接合には、それぞれ耐油性塗剤及び耐油性のパッキンを使用する。
　(c)　配管用ピット又はコンクリート床より原動機及び燃料小出タンク等の機器への立上げ又は引下げ管は、各機器の操作・保守に支障がないよう、当該機器に沿わせる、又は側面と平行に配管する。
　(d)　原動機及び燃料小出タンクへの接続には、次によるほか、金属製フレキシブルジョイントを使用する。
　　①　呼び径40A以上のものについては、「可撓管継手の設置等に関する運用基準について」（昭和56年3月9日付け　消防危

第20号）に規定する「可撓管継手に関する技術上の指針」に適合したものとし、呼び径40A未満のものについては、同等の構造・性能のものとする。

② フレキシブルジョイントは、ステンレス鋼製とし、フランジ部分は、鋼製とする。

③ 金属製フレキシブルジョイントの全長は、表2.2.3による。なお、原動機への接続用は、この限りでない。

表2.2.3　燃料油配管のフレキシブルジョイントの長さ

呼び径［A］	長　さ［mm］
25未満	300以上
25以上　50未満	500以上
50以上100未満	700以上

(e) 地中埋設鋼管は、次によるほか、「危険物の規制に関する技術上の基準の細目を定める告示」(昭和49年自治省告示第99号)に規定する塗覆装又はコーティングを行う。

① コーティングは、厚さが管外面から1.5mm以上、かつ、コーティングの材料が管外面に密着している方法とする。コーティング材料は、JIS G 3469「ポリエチレン被覆鋼管」附属書A（規定）「被覆用ポリエチレン」とする。

② 埋設深さは、車両通路では管の上端より0.6m以上、それ以外では0.3m以上とする。ただし、寒冷地では、凍結深度以上の深さとする。

なお、凍上抑制処置を行う場合は、この限りでない。

③ 地中埋設配管の分岐及び曲り部には、標準図第2編「電力設備工事」（電力69）による埋設標を設置する。また、埋設表示のためのアルミ又はビニル等のテープを埋設する。

(f) 地中埋設配管の建物への引込部分は、可とう性をもたせ、地盤沈下等の変位に対応できるようにする。

(g) 燃料小出タンク等に取付ける元バルブ及びドレンバルブは、所轄消防機関の承認するものとする。

(イ) 燃料ガス配管は、次による。

(a) 管の接合は、ピット内又は露出部分で行い、接合方法は、表2.2.4による。

表2.2.4　燃料ガス配管の接合方法

供給圧力	接合方法
3.3kPa以下	溶接接合、フランジ接合又はねじ接合
3.3kPa超過	溶接接合又はフランジ接合

(b)　燃料ガス系統配管は、区分バルブ以降で発電装置までとする。

(c)　燃料ガス加圧装置の安全弁の逃がし管は、屋外まで配管する。

2.2.7.3
水系統配管

(ア)　配管には、フランジ継手等を挿入し、取外しを容易にする。
　なお、呼び径25A以下の見えがかり配管には、コニカル形ユニオンを使用することができる。

(イ)　配管中に空気だまりが生ずる部分には、空気抜き弁を設ける。

(ウ)　水ジャケット及び水系統配管の最下部には、ドレンコックを設ける。

(エ)　水冷式原動機及び冷却塔への接続には、次によるほか、可とう性を有する継手を使用する。

(a)　金属製フレキシブルジョイントは、ステンレス鋼製とし、フランジ部分は、鋼製とする。また、フレキシブルジョイントの長さは、表2.2.5による。ただし、原動機への接続用は、この限りでない。

表2.2.5　冷却水配管のフレキシブルジョイントの長さ

呼び径［A］	長　さ［mm］
25以下	300以上
32以上　50以下	500以上
65以上150以下	750以上

(b)　金属製以外のフレキシブルジョイントは、鋼製フランジ付きで、補強材を挿入した合成ゴム製とし、表2.2.5に相当する軸直角変位量を有するもので、耐候性、耐熱性及び耐圧強度を満足するものとする。

(オ)　配管、継手及びバルブ類は、ウォータハンマ等の障害に耐える強度を有するものとする。

(カ)　発電装置の冷却水出口管には、ラジエータ冷却方式を除き、サイホンブレーカを必要に応じて取付ける。

2.2.7.4
空気系統配管

　　原動機への接続には、フレキシブルジョイントを使用する。ただし、銅管は、リング状にする等の可とう性をもたせることによって、フレキシブルジョイントに代えることができる。

2.2.7.5
排気系統配管

　　(ア)　排気管及び排気ダクトは、原動機出口又は消音器出口に排気可とう管等により可とう性をもたせて接続する。
　　　　なお、原則として天井配管とする。
　　(イ)　原動機の排気管、排気ダクト及び消音器の支持金物は、振動の伝播を防止し、地震入力に耐えうる防振つり金物又は防振支持金物とする。また、地震時に過大な変位が生じないように、標準図第4編「発電設備工事」(発電7)による3方向のストッパを設ける。
　　　　なお、床置消音器の場合は、床面に固定する。
　　(ウ)　運転時の熱膨張等を考慮して配管を行い、ストッパと消音器及び排気管との間隔は、できる限り小さくする。
　　(エ)　屋内部分の排気管の断熱は、次による。
　　　　(a)　断熱材は、ロックウール等を使用し、厚さは、特記がなければ、75mm以上とする。
　　　　(b)　断熱材は、鉄線で固定し、溶融亜鉛めっき鋼板又は塗装溶融亜鉛めっき鋼板で巻き仕上げる。
　　　　(c)　伸縮継手部分及びフランジ部分は、ロックウール等により周囲を覆い鉄線で縫合せる。
　　(オ)　消音器は、(エ)による方法で断熱処理を施す。ただし、断熱層が設けられている場合は、この限りでない。
　　(カ)　造営材を貫通又は造営材に近接する配管の断熱は、入念に行い、火災防止に万全を期するものとする。
　　(キ)　消音器には、ドレンコックを操作しやすい位置に取付け、ドレン配管を行う。
　　(ク)　排気管と煙突の接続は、標準図第4編「発電設備工事」(発電8)による。
　　(ケ)　必要に応じて、発電装置の排気管又は排気ダクトに、ばい煙測定口を設ける。
　　(コ)　排気管先端には、防鳥網を設ける。

2.2.7.6
換気ダクト

　　(ア)　風量調整を必要とする場合は、ダンパーで調整する。
　　(イ)　給気ファン、換気ファン等をダクトに接続する場合は、可とう性をもたせて接続する。

2.2.8 配　　　　線	配線は、次によるほか、第2編第2章「施工」の当該事項及び第3編第2章第3節「配線」による。

(ア)　配線は、原動機等から発生する熱の影響を受けないよう高温部から50mm以上離隔する。ただし、水温検出スイッチ等50mm以上離隔することが困難な場合は、耐熱ビニル電線等の耐熱性を有する電線を用いる。

(イ)　充電部には、触れることができないように、保護覆い等を設ける。

2.2.9 取　外　し	取外しは、第1編第1章第8節「撤去」及び第3編2.2.5「機器の取外し再使用」の当該項目による。

2.2.10 接　　　　地	接地は、第2編第2章第14節「接地」による。

第3節　燃料電池発電設備の据付け等

2.3.1 耐　震　処　置	耐震処置は、2.2.1「耐震処置」による。

2.3.2 基　　　　礎	基礎は、2.2.2「基礎」による。

2.3.3 燃料電池装置の 据付け	燃料電池装置の据付けは、2.2.3「発電機及び原動機の据付け」による。

2.3.4 周辺装置の据付 け	周辺装置の据付けは、製造者が指定する方法による。

2.3.5 配　管　等	配管等は、2.2.7「配管等」による。

2.3.6 配　　　　線	配線は、2.2.8「配線」による。

2.3.7
取 外 し　　取外しは、第1編第1章第8節「撤去」及び第3編2.2.5「機器の取外し再使用」の当該事項による。

2.3.8
接 地　　接地は、第2編第2章第14節「接地」による。

第4節　熱併給発電設備（コージェネレーション設備）の据付け等

2.4.1
熱併給発電装置（コージェネレーション装置）の据付け等　　熱併給発電装置（コージェネレーション装置）の据付けは、第2節「ディーゼルエンジン発電設備、ガスエンジン発電設備、ガスタービン発電設備及びマイクロガスタービン発電設備の据付け等」による。

第5節　太陽光発電設備の据付け等

2.5.1
太陽電池アレイ及び接続箱の据付け　　太陽電池アレイ及び接続箱の据付けは、次によるほか、製造者が指定する方法による。
　(ア)　太陽電池アレイは、建築基準法施行令第87条又はJIS C 8955「太陽電池アレイ用支持物の設計用荷重算出方法」の定めによる荷重に対し、移動又は転倒しないように、必要な強度及び本数のボルトで基礎に固定する。
　(イ)　接続箱は、点検しやすい場所に設ける。

2.5.2
パワーコンディショナ及び系統連系保護装置の据付け　　パワーコンディショナ及び系統連系保護装置の据付けは、第3編2.2.1「キュービクル式配電盤、高圧スイッチギヤ及び低圧スイッチギヤの据付け」（(1)(カ)は除く。）による。ただし、壁取付け機器は、第2編2.1.13「機器の取付け」による。

2.5.3
配 線　　配線は、第4編第2章第3節「配線」による。
　なお、アレイ間及びアレイと接続箱間の接続ケーブルは、製造者の標準とする。

2.5.4
コンクリート貫通箇所

　コンクリート貫通箇所は、第2編2.1.11「電線等の防火区画等の貫通」及び2.1.12「管路の外壁貫通等」によるほか、電気室床の開口部及び床貫通管の端口は、床下からの湿気、じんあい等が侵入し難いよう適切な方法によって閉そくする。

2.5.5
機器の取外し再使用

　第3編2.2.5「機器の取外し再使用」の当該項目による。

2.5.6
接 地

　接地は、第2編第2章第14節「接地」によるほか、使用電圧が300Vを超えるものの架台、接続箱には、C種接地工事を施す。

2.5.7
表 示

　接続箱とパワーコンディショナの間の配管等に太陽光直流配線注意等の注意表示を行う。

第6節　風力発電設備の据付け等

2.6.1
風車発電装置の据付け

　風車発電装置の据付けは、次によるほか、製造者が指定する方法による。
　(ｱ)　風力発電装置は、建築基準法施行令第87条の定めによる荷重に対し、移動又は転倒しないように、必要な強度及び本数のボルトで基礎に固定する。
　(ｲ)　基礎部の土工事、地業工事、コンクリート工事等は、第1編第2章「共通工事」によるほか、製造者の標準とし、特記された強度等が確保されたものとする。
　(ｳ)　建物屋上に据付ける場合は、防振措置を施す。

2.6.2
制御盤の据付け

　制御盤の据付けは、2.5.2「パワーコンディショナ及び系統連系保護装置の据付け」による。

2.6.3
配 線

　配線は、第4編第2章第3節「配線」による。

2.6.4 コンクリート貫通箇所	コンクリート貫通箇所は、2.5.4「コンクリート貫通箇所」による。
2.6.5 機器の取外し再使用	第3編2.2.5「機器の取外し再使用」の当該項目による。
2.6.6 接　　　地	接地は、第2編第2章第14節「接地」による。

第7節　小出力発電設備の据付け等

2.7.1 耐　震　処　置	耐震処置は、2.2.1「耐震処置」による。
2.7.2 基　　　礎	基礎は、2.2.2「基礎」による。
2.7.3 小出力発電装置の据付け	小出力発電装置の据付けは、製造者が指定する方法によるものとし、水平、中心線等がずれないように基礎に固定する。
2.7.4 配　管　等	配管等は、2.2.7「配管等」による。
2.7.5 配　　　線	配線は、2.2.8「配線」による。
2.7.6 接　　　地	接地は、第2編第2章第14節「接地」による。

第8節　施工の立会い及び試験

| 2.8.1 施工の立会い | (1)　施工のうち、表2.8.1において、監督職員の指示を受けたものは、次の工程に進むに先立ち、監督職員の立会いを受ける。 |

(2)　(1)の立会いを受けた以後、同一の施工内容は、原則として抽出による立会いとし、抽出頻度等は監督職員の指示による。

なお、(1)の立会いを受けないものは、第1編1.2.4「工事の記録等」(4)による。

表2.8.1　施工の立会い

施工内容	立会い時期
基礎の位置、地業及び配筋等	コンクリート打設前
基礎ボルトの位置及び取付け	ボルト取付け作業過程
主要機器及び盤類の設置	設置作業過程
主要機器及び盤類の取外し	取外し作業過程
重量物の解体、搬入、搬出及び組立て	作業過程
配電盤等の改造	改造作業過程
金属管、合成樹脂管、ケーブルラック、金属製可とう電線管等の敷設	コンクリート打設前並びに二重天井及び壁仕上げ材取付け前
地中埋設管の敷設	掘削部埋戻し前
電線・ケーブルの敷設	敷設作業過程
既設電線・ケーブルの切断	切断作業過程
電線・ケーブル相互の接続及び端末処理	絶縁処理前
同上接続部の絶縁処理	絶縁処理過程
電線・ケーブルの機器への接続	接続作業過程
防火区画貫通部の耐火処理及び外壁貫通部の防水処理	処理過程
接地極の埋設	掘削部埋戻し前
総合調整	調整作業過程

2.8.2 ディーゼルエンジン発電設備、ガスエンジン発電設備、ガスタービン発電設備及びマイクロガスタービン発電設備の試験

機器の設置及び配線完了後に、標準仕様書第5編2.7.2「ディーゼルエンジン発電設備、ガスエンジン発電設備、ガスタービン発電設備及びマイクロガスタービン発電設備の試験」により試験を行い、監督職員に試験成績書を提出し、承諾を受ける。

2.8.3
燃料電池発電設備の試験

　燃料電池発電設備において、りん酸形燃料電池である場合は、機器の設置及び配線完了後に、標準仕様書第5編2.7.3「燃料電池発電設備の試験」表2.7.3により試験を行い、監督職員に試験成績表を提出し、承諾を受ける。

2.8.4
熱併給発電設備（コージェネレーション設備）の試験

　標準仕様書第5編2.7.4「熱併給発電設備（コージェネレーション設備）の試験」により試験を行い、監督職員に試験成績書を提出し、承諾を受ける。

2.8.5
太陽光発電設備の試験

　機器の設置及び配線完了後に、標準仕様書第5編2.7.5「太陽光発電設備の試験」により試験を行い、監督職員に試験成績書を提出し、承諾を受ける。

2.8.6
風力発電設備の試験

　機器の設置及び配線完了後に、標準仕様書第5編2.7.6「風力発電設備の試験」により試験を行い、監督職員に試験成績書を提出し、承諾を受ける。

2.8.7
小出力発電装置の試験

　機器の設置及び配線完了後に、標準仕様書第5編2.7.7「小出力発電装置の試験」により試験を行い、監督職員に試験成績書を提出し、承諾を受ける。

第6編　　通信・情報設備工事

第
6
編

第1章 機　材

第1節　共通事項

1.1.1
一　般　事　項

(1) 更新、新設及び増設する機材は、標準仕様書第6編第1章「機材」による。

(2) 機器の搬入又は移設に伴い分割する必要が生じた場合は、監督職員と協議する。

第2章　施　　工

第1節　共通事項

2.1.1
事　前　確　認

(1)　作業前には、事前確認を行うものとし、次による。

なお、事前確認の項目と適用は、表2.1.1によるものとし、○印のないものは、特記による。

表2.1.1　事前確認の項目と適用

項目＼工事	機器の取付け取外し		配線の改修及び更新
	端末機器等	主装置等	
系統の確認	○	○	○
配線の確認		○	○
端末機器等と主装置等の対照		○	○

(ア)　系統の確認は、作業対象となる系統を確認し、作業対象外の系統と明確に区別ができるよう表示する。

(イ)　配線の確認は、作業対象となる配線を確認し、作業箇所に作業対象外の配線と区別ができるよう表示する。

(ウ)　端末機器等と主装置等の対照は、適切な方法で行い、系統接続状況、極性等を確認する。

なお、端末機器等及び主装置等は、次による。

(a)　端末機器等とは、電話機、子時計、スピーカ、通信網端末機器、テレビ端子、感知器、発信機、ベル、自動閉鎖装置等を対象とする。

(b)　主装置等とは、構内交換装置、構内情報通信網装置、増幅器、親時計、受信機、端子盤等を対象とする。

(2)　事前確認の結果、調査が必要な場合は監督職員と協議する。

2.1.2
電　線　の　接　続

電線の接続は、次によるほか、第2編2.1.2「電線の接続」(1)から(3)まで及び2.11.4.2「ケーブルの接続」(3)による。

(ア)　EM-構内ケーブル、EM-通信ケーブル等の相互の接続は、次によるほか、段接続とする。

(a)　心線の接続は、ひねり接続の後に、PEスリーブ又は絶縁性

　　　コネクタを用いて行う。

(b)　架空ケーブルの心線接続は、ひねり接続後にはんだ付けし、PEスリーブを用いて行う。

(c)　ケーブル被覆の接続は、心線接続後、切りはぎ部及び接続部にプラスチックテープを巻付け、絶縁電線防護カバー、粘着アルミテープ等を用いて防護を施し、絶縁テープ等を巻付けて仕上げる。

(d)　湿気の多い場所では、合成樹脂モールド工法により成端部を防護し、防湿成端処理を施す。

(イ)　屋内通信線の接続は、10mm以上ずらした段接続とする。また、心線の接続は、銅スリーブを用い、絶縁テープ等を巻付ける。ただし、絶縁性のある接続器を使用して接続する場合は、テープ巻きを要しない。

(ウ)　EM-同軸ケーブル等の相互接続及び端末は、F形接栓を使用する。

2.1.3
電線と機器端子
との接続

電線と機器端子との接続は、次による。

(ア)　端子板への接続は、端末側を右側とする。ただし、G1形端子板は表側を端末側、G2及びI形端子板は下側を端末側とする。

(イ)　端子にはさみ込み接続する場合は、必要に応じて、座金を使用し、ねじで締付ける。

(ウ)　E1、G1、G2及びI形端子板は、専用工具を使用し、適合する方法で電線と接続する。F形端子板は、電線の被覆を剥ぎ、適する導体のサイズ及び長さで差込み接続する。

(エ)　太さ1.6mm以上の電線の接続は、(ア)及び第2編2.1.3「電線と機器端子との接続」による。

(オ)　遮へい付ケーブルと機器端子との接続は、適合するコネクタ等を用いて接続する。

(カ)　端子にはんだ付け接続する場合は、心線を端子に1.5周以上巻付、はんだ付けする。

2.1.4
電 線 の 色 別

電線は、表2.1.2により色別する。

表2.1.2　電線の色別

項　　目	色　　　別
電 気 時 計	青（赤又は黒）
拡　　　声	黒、赤又は黄（白）
火 災 報 知	赤（表示線）、黒（電話線） 青（ベル線）、黄又は青（確認ランプ線） 白（共通線）
接 地 線	緑又は緑／黄

備考　(1)　（　）内の色は、マイナス側又は共通側を示す。
　　　(2)　ケーブルの場合で、この色別により難い場合は、配線
　　　　　種別ごとに統一して色別する。

2.1.5
端子盤内の配線
処理等

(1)　端子盤内の配線は、電線（EM-UTPケーブル配線を除く。）を一
　　括し、くし形編出しして端子に接続する。
　　　なお、1列の端子板が2個以下の場合は、扇形編出しとすること
　　ができる。また、整線は盤用配線ダクトによって行うことができる。
(2)　G1、G2及びI形端子板への接続は、専用取付け架台内に入線後、
　　配線スペース内において整線しながら行う。
(3)　電線は、余裕を持たせて無理のない程度に曲げて、金具等により
　　木板に支持する。
(4)　木板の端子板上部に、設備種目ごとの用途名等を記入する。

2.1.6
屋内における通
信配線と最大使
用電圧が60Vを
超える電線との
離隔

　　屋内における通信配線と最大使用電圧が60Vを超える電線との離
隔は、第2編2.1.6「低圧配線と弱電流電線等、水管、ガス管等との
離隔」及び2.1.7「高圧配線と他の高圧配線、低圧配線、管灯回路の
配線、弱電流電線等、水管、ガス管等との離隔」による。

2.1.7
地中埋設におけ
る通信配線と最
大使用電圧が
60Vを超える電
線との離隔

　　地中埋設における通信配線と最大使用電圧が60Vを超える電線と
の離隔は、第2編2.1.8「地中電線相互及び地中電線と地中弱電流電
線等との離隔」による。

2.1.8
発熱部との離隔

　　発熱部との離隔は、第2編2.1.9「発熱部との離隔」による。

2.1.9 **メタルラス張り** **等との絶縁**	メタルラス張り等との絶縁は、第2編2.1.10「メタルラス張り等との絶縁」による。

2.1.10
電線等の防火区
画等の貫通

　電線等の防火区画等の貫通は、第2編2.1.11「電線等の防火区画等の貫通」による。

2.1.11
管路の外壁貫通
等

　外壁を貫通する管路等は、第2編2.1.12「管路の外壁貫通等」による。

2.1.12
機器の取付け

　機器の取付けは、次によるほか、第2編2.1.13「機器の取付け」による。
　　(ｱ)　隣接する盤類、機器収納ラック、装置等の相互間は、隙間がないようライナ等を用いて水平に固定する。
　　(ｲ)　機器収納ラック内に搭載される機器は、発熱を考慮した配置に取付ける。

2.1.13
耐　震　施　工

　耐震施工は、第2編2.1.14「耐震施工」による。

2.1.14
機器の取外し再
使用

(1)　端末機器等を取外し後に再使用する場合は、次による。
　　(ｱ)　主装置等には、関係者以外の者又は第三者が容易に操作しないような処置を施すとともに作業中の表示を行う。
　　(ｲ)　取外し前に、目視により端末機器等に損傷がないことを確認する。
　　(ｳ)　取外す場合は、端末機器等に損傷を与えないように行う。
　　(ｴ)　端末器等を取外す場合は、天井材、壁材、床材、什器備品等に損傷を与えないように行う。
　　(ｵ)　取外し後に1台ごとに劣化状況を目視点検し、必要に応じて絶縁抵抗を測定する。
　　(ｶ)　取外し後にパネル、カバー等は、中性洗剤等で清掃し、他の部分はウェス等で清掃する。
　　(ｷ)　取付け前に再度絶縁抵抗を測定し、結果を監督職員に報告する。
　　(ｸ)　端末機器等の取付けは、各節の「機器の取付け」による。
(2)　端末機器等の撤去は、(1)(ｱ)及び第1編第1章第8節「撤去」による。

2.1.15
主装置等の更新

(1)　主装置等の更新を行う場合は、必要に応じて電源を供給する分電盤の開閉器等を、開路して行う。

なお、開閉器等の開路を行う前に、当該分岐回路の電圧、相、極性を確認する。

(2)　開路した開閉器等には、関係者以外の者又は第三者が容易に操作しないような処置を施すとともに停電作業中の表示を行う。

(3)　解線をする場合は、系統の表示、電線の色別等を再確認する。

(4)　撤去は、次によるほか、第1編第1章第8節「撤去」による。

(ア)　主装置等の撤去を行う場合は、配線を傷つけないように適切な方法で配線の養生、引戻し等を行う。

なお、主装置等に接続されている電線収容物、ケーブル保護物の撤去に支障がある場合の取扱いは、特記による。

(イ)　撤去した主装置等が、重量物の場合は、搬出方法を検討し、監督職員と協議する。

(5)　配線を接続する場合は、原則として、ターミナルラグ、キャップ等を、新品に取替える。ただし、配線が余長不足で新品への取替えが困難な場合は、この限りでない。

(6)　主装置等の取付けは、各節の「機器の取付け」による。

なお、配線の接続状態（極性、操作、制御等）について、必要な確認及び試験を行う。

(7)　施工に関係した主装置等に電源を供給する分電盤の開閉器等は、(1)で現況確認した状況にあることを確認する。

2.1.16
配管・配線等の改修

配管・配線等の改修は、次によるほか、第2編2.1.15「配管・配線等の改修」(1)、(2)及び(4)から(9)までによる。

(ア)　既設幹線の切断、解線及び接続を行う場合は、主装置等へ電源を供給する開閉器等を開路して行う。また、主装置等へ電源を供給する開閉器等の開路後に必要に応じて幹線の絶縁抵抗を測定する。

(イ)　2次側系統の配線の切断、解線及び接続を行う場合は、必要に応じて当該系統の主装置等を開路して行う。切断した配線の1次側端末は、絶縁物で養生する。

2.1.17
自動火災報知設備等の改修

自動火災報知、自動閉鎖、非常警報及びガス漏れ火災警報の各設備を改修する場合は、次によるほか、関係法令等に定めるところによるものとする。

(ｱ)　施工前には、既存設備図、改修図、保守点検表等を整理し、入居官署の消防計画を確認の上、監督職員と協議を行い、遅滞なく関係官公署への届出等を行う。

(ｲ)　受信機、感知器等の型式が失効となっていないかを確認し、失効となっている場合は、監督職員と協議する。

(ｳ)　工事範囲の防災機能を停止する場合は、停止中の防災安全対策について、監督職員と協議する。

(ｴ)　工事期間中、各設備の警戒区域において未警戒となる区域が発生する場合は、監督職員と協議する。

(ｵ)　既設配線を撤去する場合は、受信機の鳴動停止、連動、移報の遮断等を確認し、他に影響を及ぼさないようにする。また、誤報、誤作動を生じないよう十分な調整を行う。

(ｶ)　工事期間中の防災計画について監督職員と協議し、連絡体制等を明確にする。

(ｷ)　R型及び自動試験機能付きのP型受信機は、感知器等の増設や変更等に伴う設定を行うものとし、特記による。

(ｸ)　受信機の警戒区域の名称変更及び警戒区域一覧図の修正を行う。

第2節　金属管配線

2.2.1
管 の 附 属 品

管の附属品は、第2編2.2.2「管の附属品」による。

2.2.2
隠ぺい配管の敷設

隠ぺい配管の敷設は、次によるほか、第2編2.2.3「隠ぺい配管の敷設」(1)から(3)まで、(6)及び(7)による。

(ｱ)　管の曲げ半径（内側半径とする。）は、管内径の6倍以上とし、曲げ角度は、90度を超えてはならない。また、1区間の屈曲箇所は、4箇所以下とし、その曲げ角度の合計値が270度を超えてはならない。ただし、屋内通信線を収容する場合の1区間の屈曲箇所は、5箇所以下とすることができる。

(ｲ)　コンクリート埋込みのボックス及び端子盤の外箱等は、型枠に取付ける。

なお、外箱等に仮枠を使用する場合は、外箱等を取付けた後にその周囲のすき間をモルタルで充てんする。

2.2.3 露出配管の敷設	露出配管は、2.2.2「隠ぺい配管の敷設」によるほか、第2編2.2.4「露出配管の敷設」(ア)及び(イ)による。
2.2.4 管　の　接　続	管の接続は、第2編2.2.5「管の接続」(1)から(3)まで、(7)及び(8)による。
2.2.5 管の養生及び清掃	管の養生及び清掃は、第2編2.2.6「管の養生及び清掃」による。
2.2.6 位置ボックス及びジョイントボックス	位置ボックス及びジョイントボックスは、次によるほか、第2編2.2.7「位置ボックス及びジョイントボックス」(2)から(7)までによる。 (ア)　機器の取付け位置には、位置ボックス及びプレートを設ける。ただし、位置ボックスが機器等により隠ぺいされる場合は、プレートを省略することができる。 (イ)　位置ボックス及びジョイントボックスの使用区分は、表2.2.1及び表2.2.2に示すボックス以上のものとする。 　なお、取付け場所の状況により、これらにより難い場合は、同容積以上のプルボックスとすることができる。

表2.2.1　隠ぺい配管の位置ボックス及びジョイントボックスの使用区分

取付け位置		配管状況	ボックスの種別
天井スラブ		(22)又は（E25）以下の配管4本以下	中形四角コンクリートボックス54又は八角コンクリートボックス75
		(22)又は（E25）以下の配管5本	大形四角コンクリートボックス54又は八角コンクリートボックス75
		(28)又は（E31）以下の配管4本以下	大形四角コンクリートボックス54
天井スラブ以外（床を含む。）	壁掛形表示盤及び埋込形ブザー	(22)又は（E25）以下の配管4本以下	中形四角アウトレットボックス44
		(22)又は（E25）以下の配管5本	大形四角アウトレットボックス44
		(28)又は（E31）以下の配管4本以下	大形四角アウトレットボックス54
	押しボタンスイッチ、アッテネータ及びスポット型感知器用試験器	スイッチ1個（連用スイッチの場合は3個以下）、アッテネータ1個又は試験器2個以下	1個用スイッチボックス又は中形四角アウトレットボックス44
		スイッチ2個（連用スイッチの場合は6個以下）、アッテネータ2個又は試験器5個以下	2個用スイッチボックス又は中形四角アウトレットボックス44
	上記以外の位置ボックス及びジョイントボックス	(22)又は（E25）以下の配管4本以下	中形四角アウトレットボックス44
		(22)又は（E25）以下の配管5本	大形四角アウトレットボックス44
		(28)又は（E31）以下の配管4本以下	大形四角アウトレットボックス54

表2.2.2　露出配管の位置ボックス及びジョイントボックスの使用区分

用　途	配管状況	ボックスの種別
位置ボックス及び ジョイントボックス	(22) 又は（E25）以下の 配管4本以下	丸形露出ボックス （直径89㎜）
	(28) 又は（E31）以下の 配管4本以下	丸形露出ボックス （直径100㎜）
押しボタンスイッチ、 アッテネータ及び スポット形感知器 用試験器	スイッチ1個（連用スイッチ の場合は3個以下）、アッテネ ータ1個又は試験器2個以下	露出1個用スイッチボ ックス
	スイッチ2個（連用スイッチ の場合は6個以下）、アッテネ ータ2個又は試験器5個以下	露出2個用スイッチボ ックス
	上記以外	スイッチ等の個数に適 合するスイッチボック ス

2.2.7
プルボックス

　プルボックスは、第2編2.2.8「プルボックス」((7)を除く。）による。

2.2.8
通　　　線

　通線は、第2編2.2.9「通線」((4)を除く。）によるほか、垂直に敷設する管路内の電線は、表2.2.3に示す間隔でボックス内において支持する。

表2.2.3　垂直管路内の電線支持間隔

電線の種類、太さ	支持間隔［m］
電線38㎟以下	30以下
ケーブル（光ファイバケーブルを除く。）	12以下

2.2.9
系統種別の表示

　端子盤内、プルボックス内、その他の要所の電線には、合成樹脂製、ファイバ製等の表示札等を取付け、系統種別、行先等を表示する。

第3節　合成樹脂管配線（PF管、CD管及び硬質ビニル管）

2.3.1
管及び附属品

　管及び附属品は、第2編2.3.2「管及び附属品」及び2.4.2「管の附

属品」による。

2.3.2
隠ぺい配管の敷設

隠ぺい配管の敷設は、第2編2.3.3「隠ぺい配管の敷設」及び2.4.3「隠ぺい配管の敷設」による。

2.3.3
露出配管の敷設

露出配管の敷設は、第2編2.3.4「露出配管の敷設」及び2.4.4「露出配管の敷設」による。

2.3.4
管　の　接　続

管の接続は、第2編2.3.5「管の接続」及び2.4.5「管の接続」による。

2.3.5
管の養生及び清掃

管の養生及び清掃は、第2編2.2.6「管の養生及び清掃」による。

2.3.6
位置ボックス及びジョイントボックス

位置ボックス及びジョイントボックスは、次によるほか、2.2.6「位置ボックス及びジョイントボックス」(ア)による。
(ア) 隠ぺい配管の位置ボックス及びジョイントボックスの使用区分は、表2.2.1に示すボックス以上のものとする。ただし、配管サイズ (22) 又は (E25) は (PF16) 等、(28) 又は (E31) は (PF22) 等と読替えるものとする。
(イ) 硬質ビニル管を露出配管として使用する場合の位置ボックス及びジョイントボックスの使用区分は、表2.2.2に示すボックス以上のものとする。ただし、丸形露出ボックス (直径89㎜) は直径87㎜とする。

2.3.7
プルボックス

プルボックスは、第2編2.2.8「プルボックス」((7)を除く。) による。

2.3.8
通　　　線

通線は、2.2.8「通線」による。

2.3.9
系統種別の表示

系統種別の表示については、2.2.9「系統種別の表示」による。

第4節　金属製可とう電線管配線

2.4.1
管及び附属品　　管及び附属品は、第2編2.5.2「管及び附属品」による。

2.4.2
管 の 敷 設　　管の敷設は、第2編2.5.3「管の敷設」(2)から(4)まで及び(6)によるほか、金属管等との接続は、カップリングにより接続する。

2.4.3
そ の 他　　本節に明記のない事項は、第2節「金属管配線」による。

第5節　金属ダクト配線

2.5.1
ダクトの敷設　　ダクトの敷設は、第2編2.7.2「ダクトの敷設」による。

2.5.2
ダクトの接続　　ダクトの接続は、第2編2.7.3「ダクトの接続」(1)及び(2)による。

2.5.3
ダクト内の配線　　ダクト内の配線は、次によるほか、第2編2.7.4「ダクト内の配線」(1)、(2)、(4)及び(5)による。
　　(ア)　ダクト内の配線は、各設備ごとにまとめ、電線支持物の上に整然と並べて敷設する。ただし、垂直に用いるダクト内では、1.5m以下ごとに固定する。
　　(イ)　ダクト内から電線を外部に引出す部分及びその他の要所の電線には、合成樹脂製、ファイバ製等の表示札を取付け、系統種別、行先等を表示する。

2.5.4
そ の 他　　本節に明記のない事項は、第2節「金属管配線」による。

第6節　フロアダクト配線

2.6.1
混 触 防 止　　混触防止については、第2編2.8.2「混触防止」による。

2.6.2
ダクト内の配線　　ダクト内の配線は、第2編2.8.3「ダクト内の配線」による。

2.6.3
そ　の　他　　本節に明記のない事項は、第2節「金属管配線」による。

第7節　金属線ぴ配線

2.7.1
線ぴの附属品　　附属品は、第2編2.9.2「線ぴの附属品」による。

2.7.2
線ぴの敷設　　線ぴの敷設は、第2編2.9.3「線ぴの敷設」による。

2.7.3
線ぴの接続　　線ぴを金属管又は金属製可とう電線管に接続する場合は、電線の被覆を破損するおそれのないように施設する。

2.7.4
線ぴ内の配線　　線ぴ内の配線は、第2編2.9.5「線ぴ内の配線」による。

2.7.5
そ　の　他　　本節に明記のない事項は、第2節「金属管配線」による。

第8節　ケーブル配線（光ファイバケーブルを除く。）

2.8.1
ケーブルの敷設
　2.8.1.1
　　共　通　事　項　　(ア)　構内にちょう架して架線する場合は、2.11.2「架線」により、構内の地中に埋設した管、暗きょ等に敷設する場合は第12節「地中配線」による。
(イ)　ケーブルの敷設に当たっては、ケーブルの被覆を損傷しないよう敷設する。
(ウ)　ケーブルは、重量物の圧力、機械的衝撃を受けないように敷設する。
(エ)　露出配線の場合は、天井下端、幅木上端等に沿って敷設する。

(オ)　ケーブルを、ボックス、端子盤等に引入れる場合は、ゴムブッシング、合成樹脂製ブッシング等を用いてケーブルの損傷を防止する。

(カ)　ケーブルを曲げる場合は、被覆が傷まないように行い、その曲げ半径（内側半径とする。）は、表2.8.1による。

表2.8.1　ケーブルの曲げ半径

ケーブルの種別	敷設中の曲げ半径	接続及び固定時の曲げ半径
EM-UTPケーブル（4対以下のもの）	仕上がり外径の8倍以上	仕上がり外径の4倍以上
EM-UTPケーブル（4対を超えるもの）	仕上がり外径の20倍以上	仕上がり外径の10倍以上
CCPケーブル（ラミネートシース）	仕上がり外径の15倍以上	仕上がり外径の6倍以上
EM-同軸ケーブル	仕上がり外径の10倍以上	仕上がり外径の6倍以上
EM-同軸ケーブル（ラミネートシース）	仕上がり外径の15倍以上	仕上がり外径の6倍以上
上記以外の通信ケーブル	仕上がり外径の10倍以上	仕上がり外径の4倍以上

2.8.1.2
ケーブルラック配線

ケーブルラック上の配線は、次による。

(a)　ケーブルは、整然と並べ、水平部では3m以下、垂直部では1.5m以下の間隔ごとに固定する。ただし、トレー形ケーブルラック水平部の配線は、この限りでない。

(b)　ケーブルを垂直に敷設する場合は、特定の子げたに荷重が集中しないようにする。

2.8.1.3
保護管等への敷設

ケーブルを保護する管等の敷設は、第2編2.11.4.4「保護管等への敷設」(a)による。

なお、ボックス又は端子盤から機器への引出し配線が露出する部分は、これをまとめて保護する。

2.8.1.4
ちょう架配線

ちょう架配線は、第2編2.11.4.5「ちょう架配線」による。

2.8.1.5
二重天井内配線

　ケーブルを二重天井内に敷設する場合は、次によるほか、2.8.1.2「ケーブルラック配線」から2.8.1.4「ちょう架配線」までによる。
　　(a)　ケーブルを支持して敷設する場合は、強電流電線と接触しないように敷設するほか、第2編2.11.4.6「二重天井内配線」(a)①、②及び⑤による。
　　(b)　ケーブルを支持せずにころがし配線とする場合は、強電流電線と接触しないように敷設するほか、第2編2.11.4.6「二重天井内配線」(b)（③を除く。）による。

2.8.1.6
二重床内配線

　二重床内配線は、ころがし配線とし、電磁誘導及び静電誘導による障害が生じないようにデータ伝送用配線と電力用ケーブルは、直接接触しないようセパレータ等により処置を施すほか、第2編2.11.4.7「二重床内配線」（(c)を除く。）による。

2.8.1.7
造営材沿い配線

　ケーブルを造営材に沿わせて敷設する場合の支持間隔は、表2.8.2による。
　なお、ケーブル支持材は、ケーブル及びその敷設場所に適合するサドル、ステープル等を使用する。

表2.8.2　造営材沿い配線の支持間隔

施設の区分	支持間隔〔m〕
造営材の上面に施設するもの	1以下
造営材の側面又は下面に施設するもの	0.5以下

2.8.2
EM-UTPケーブルの敷設

　EM-UTPケーブルの敷設は、次によるほか、2.8.1「ケーブルの敷設」による。
　　(ア)　フロア配線盤から通信アウトレットまでのケーブル長は、90m以内とする。
　　(イ)　パッチコード（又はジャンパコード）は5m未満とし、パッチコード（又はジャンパコード）、機器コード及びワークエリアコードの長さの合計は10m未満とする。
　　(ウ)　フロア配線盤から通信アウトレットまでのリンク性能は、要求されるクラスにおけるJIS X 5150-1「汎用情報配線設備−第1部：一般要件」のパーマネントリンクの性能を満足するものとする。

(エ)　ケーブルは、心線対のよりの伸び防止のために、過度の張力を
かけないように敷設する。

(オ)　端子盤、機器収納ラック及び通信アウトレットにおける配線処
理は次によるほか、2.1.5「端子盤内の配線処理等」((1)を除く。)
による。

(a)　ケーブルの全ての対を成端する。

(b)　ケーブル結束時には、ケーブル外径が変化するほど強く締付
けてはならない。

(c)　コネクタやパッチパネルでの成端作業時、対のより戻し長は、
最小とする。

(d)　対の割当ては、JIS X 5150-1「汎用情報配線設備-第1部：一
般要件」により、1の構内で統一する。

(e)　通信アウトレットには、接続先が認識できるように表示する。

2.8.3 ケーブルラックの敷設

ケーブルラックの取付けは、第2編2.11.1「ケーブルラックの敷設」
(1)から(6)まで及び(10)によるほか、ケーブルラック相互の接続は、ボル
ト等により接続する。

2.8.4 位置ボックス及びジョイントボックス

位置ボックス及びジョイントボックスは、次によるほか、第2編
2.11.2「位置ボックス及びジョイントボックス」((ア)を除く。)による。

(ア)　通信・情報機器の取付け位置には、位置ボックスを設ける。た
だし、二重天井内配線で通信・情報機器に送り配線端子のある場
合は、位置ボックスを省略することができる。

(イ)　隠ぺい配線で、外径が10mm以上のケーブルを収容する位置ボ
ックス及びジョイントボックスは、大形四角アウトレットボック
ス54以上のものとし、それ未満は、中形四角アウトレットボック
ス44以上のものとする。

2.8.5 プルボックス

プルボックスは、第2編2.2.8「プルボックス」((7)を除く。)による。

2.8.6 ケーブルの接続

ケーブルを接続する場合は、次による。

(ア)　ケーブルの接続は、端子盤、プルボックス、アウトレットボッ
クス等の内部で行う。ただし、合成樹脂モールド接続工法による
場合は除く。

(イ)　シールドケーブルの接続は、コネクタ又は端子により行う。

(ｳ) EM-UTPケーブルの直線接続は行わない。

(ｴ) ケーブルの接続部付近に張力止めを施す。ただし、次の場合は
この限りでない。

(a) コネクタ類、接続器具等で接続し、接続部に張力の加わらな
い場合

(b) ケーブルを締付けることにより、伝送性能に劣化を及ぼす場
合

2.8.7
ケーブルの造営
材貫通

ケーブルの造営材貫通は、第2編2.11.5「ケーブルの造営材貫通」
による。

2.8.8
系統種別の表示

ケーブルの要所には、合成樹脂製、ファイバ製等の表示札等を取付
け、系統種別、行先等を表示する。

2.8.9
接　　　　地

接地は、第13節「接地」による。

第9節　光ファイバケーブル配線

2.9.1
一　般　事　項

配線は、次による。

(ｱ) ネットワーク機器に光ファイバコードを接続する場合は、コネ
クタを使用する。また、屋外に設けるコネクタは、取付け後に接
続箱等へ収納して、その箱に防水処置を施す。

(ｲ) 機器収納ラックに収容する機器に接続するケーブル端末には、
合成樹脂製、ファイバ製等の表示札、マークバンド等を取付け、
系統種別、行先、ケーブル種別等を表示する。

2.9.2
光ファイバケー
ブルの敷設

(1) 光ファイバケーブルの敷設作業中は、光ファイバケーブルが損傷
しないように行い、その曲げ半径（内側半径とする。）は、仕上り
外径の20倍以上とする。また、固定時の曲げ半径（内側半径とする。）
は、仕上り外径の10倍以上とする。ただし、ノンメタリック型光
ファイバケーブルの場合の敷設作業中の曲げ半径（内側半径とす
る。）は、テンションメンバ外径の100倍以上と仕上がり外径の20
倍以上のいずれか大きい方の値、固定時の曲げ半径（内側半径とす

る。）は、テンションメンバ外径の100倍以上と仕上り外径の10倍
以上のいずれか大きい方の値とする。

(2)　支持又は固定する場合には、光ファイバケーブルに外圧又は張力
が加わらないようにする。

(3)　外圧又は衝撃を受けるおそれのある部分は、適切な防護処置を施
す。

(4)　光ファイバケーブルに加わる張力及び側圧は、許容張力及び許容
側圧以下とする。

(5)　光ファイバケーブルの敷設時には、テンションメンバに延線用よ
り戻し金物を取付け、一定の速度で敷設し、張力の変動や衝撃を与
えないようにする。

(6)　敷設時には、光ファイバケーブルの端末よりケーブル内に水が浸
入しないように防水処置を施す。

(7)　光ファイバケーブルを電線管等より引出す部分には、ブッシング
等を取付け、引出し部で損傷しないようにスパイラルチューブ等に
より保護する。

(8)　光ファイバケーブルの敷設時は、踏付け等による荷重が光ファイ
バケーブル上に加わらないように施工する。

(9)　コネクタ付光ファイバケーブルの場合は、コネクタを十分に保護
して敷設する。

2.9.3
光ファイバケー
ブルの保護材の
敷設

　光ファイバケーブルの保護材の敷設は、第8節「ケーブル配線（光
ファイバケーブルを除く。）」及び第10節「床上配線」から第12節「地
中配線」までによる。

2.9.4
光ファイバケー
ブル相互の接続

(1)　光ファイバケーブル相互の接続は、アーク放電による融着接続又
は光コネクタによる接続とする。融着接続による1箇所の最大挿入
損失は0.3dB以下、コネクタ接続による1箇所の最大挿入損失は
0.75dB以下とする。

　なお、光ファイバケーブルの接続を融着接続とする場合は、JIS
C 6841「光ファイバ心線融着接続方法」による。

(2)　融着接続及びコネクタの取付けは、光ファイバケーブルに適した
材料、専用の工具及び治具を用いて行う。

(3)　融着接続作業は、湿度の高い場所を避け、じんあいの少ない場所
で行う。

(4)　接続部は、接続箱に収めて保護する。

　なお、融着後心線を収める場合の曲げ半径は30mm以上とし、心

線は突起物等に接しないように収める。

2.9.5
光ファイバケーブルと機器端子との接続

光ファイバケーブルと機器端子との接続は、次による。
(ア)　光ファイバケーブルと機器端子の間に接続箱を設けて、コネクタ付光ファイバコードを用いて接続する。ただし、機器の内部に接続箱等の施設がある場合、ケーブルが集合光ファイバコード等の場合及びコネクタ付光ファイバコードが不要の場合は除く。
(イ)　光ファイバケーブルと機器端子は、コネクタで接続する。コネクタ接続による1箇所の最大挿入損失は0.75dBとする。また、余長を収める場合の曲げ半径は、30mm以上とする。

2.9.6
系統種別の表示

ケーブルの要所には、合成樹脂製、ファイバ製等の表示札等を取付け、系統種別、行先等を表示する。

第10節　床上配線

2.10.1
敷　設　方　法

(1)　床上配線は、ワイヤプロテクタ等で保護し、什器等の設置に支障がないよう室内レイアウトに合わせて敷設する。
(2)　ワイヤプロテクタ等の大きさは、収容する電線の太さ及び条数に適合するものとする。
(3)　ワイヤプロテクタ等は、接着テープ等を用いて床に固定する。
(4)　ワイヤプロテクタ等から電線を引出す箇所には、電線の被覆を損傷するおそれのないように保護する。

第11節　架空配線

2.11.1
建　　　　柱

建柱は、第2編2.12.1「建柱」による。

2.11.2
架　　　　線

架線は、次によるほか、第2編2.12.4「架線」(1)及び(4)による。
(ア)　ちょう架用線を電柱に取付ける場合は、高圧線の下方とする。
(イ)　ちょう架用線を使用する場合は、間隔0.5m以下ごとにハンガを取付けてケーブルをつり下げる又はラッシングロッドによりケ

ーブルを支持する。

　なお、ラッシングロッドは、ケーブル外径とちょう架線外径の合計より大きい直近上位の内径とし、また、移動しないよう1ピッチ重複させて巻付ける。

(ウ)　SDワイヤ、屋外通信線等を架線する場合には、ちょう架金物を電柱に固定し、電線の支持線をちょう架金物に取付ける。

　なお、電線の心線には荷重がかからないようにし、引留め箇所等で支持線が露出する部分には、防食塗装を施す。また、支持線と心線を分離した箇所は、スパイラルスリーブ等を用いて心線側を防護する。

2.11.3 支線及び支柱

支線及び支柱は、第2編2.12.5「支線及び支柱」(2)から(6)まで及び(8)による。

2.11.4 接地

ちょう架用線その他の接地については、第13節「接地」による。

第12節　地中配線

2.12.1 掘削及び埋戻し

掘削及び埋戻しは、第2編2.13.2「掘削及び埋戻し」による。

2.12.2 マンホール及びハンドホールの敷設

マンホール及びハンドホールの敷設は、第2編2.13.3「マンホール及びハンドホールの敷設」による。

2.12.3 管路等の敷設

(1)　管路等の敷設は、第2編2.13.4「管路等の敷設」((9)を除く。)による。

(2)　地中配線には、標識シート等を2倍長以上重ね合わせて管頂と地表面（舗装のある場合は、舗装下面）のほぼ中間に設け、おおむね2mの間隔で用途を表示する。

2.12.4 ケーブルの敷設

ケーブルの敷設は、2.8.1.1「共通事項」(カ)及び2.9.2「光ファイバケーブルの敷設」((9)を除く。)によるほか、第2編2.13.5「ケーブ

ルの敷設」((6)を除く。) による。

2.12.5
系統種別の表示

　ハンドホール、マンホール等の要所のケーブルには、合成樹脂製、ファイバ製等の表示札等を取付け、系統種別、行先等を表示する。

第13節 接　　地

2.13.1
接　地　線

接地線は、緑色又は緑/黄色のEM-IE電線等とする。

2.13.2
接 地 の 施 工

　接地の施工方法は、第2編2.14.10「A種又はB種接地工事の施工方法」((3)を除く。) によるほか、専用接地等を個別に設ける場合は、接地極及びその裸導線の地中部分は、雷保護設備接地極及びその裸導線の地中部分とは5m以上、他の接地極及びその裸導線の地中部分とは3m以上離す。

2.13.3
接 地 極 位 置 等

　接地極位置等の表示は、第2編2.14.14「接地極位置等の表示」による。

第14節　構内情報通信網設備

2.14.1
配　線　等

　配線等は、次によるほか、第1節「共通事項」から第13節「接地」までによる。
　㋐　外部配線との接続箇所には、符号又は番号を表示する。ただし、容易に判断できるものは、表示を省略することができる。
　㋑　配線の接続は、接続する電線に適合する端子又はコネクタを用いる。
　㋒　機器への接続ケーブルは、その接続部にケーブルの荷重がかからないようにする。
　㋓　盤内等において、通信・信号配線と交流電源配線は、セパレータ等を用いて直接接触しないようにする。

2.14.2
機器の据付け

機器の取付けは、次による。

(ア)　構内情報通信網装置は、機器の保守・更新が容易となるよう取付ける。

(イ)　情報用アウトレットの取付け位置の詳細は、監督職員との協議による。

(ウ)　無線LANのアクセスポイントの取付けは、次による。

　(a)　アクセスポイントは、電波干渉によって通信品質が低下しないように配置を調整する。

　(b)　複数の室内又は屋外に無線LANを構築する場合は、電波干渉調査等を特記により行うものとし、調査報告は、監督職員との協議による。

第15節　構内交換設備

2.15.1
配　線　等

配線等は、次によるほか、第1節「共通事項」から第13節「接地」までによる。

(ア)　ケーブルの端末は、端子に取付けやすいように編出しを行う。ただし、コネクタ接続とする場合は除く。

(イ)　ラッピング端子への巻付けは、適合するラッピング工具を用いて巻付ける。

(ウ)　編出し部分の長さは、端子収容替えが1回以上できる程度の余長をもたせる。

(エ)　接続しない予備心線は、十分な余長をもたせる。

(オ)　外部配線との接続箇所には、符号又は番号を表示する。ただし、容易に判断できるものは除く。

(カ)　ジャンパ線は、配線輪を通じ十分なたるみをもたせる。

(キ)　盤内等において、信号配線と交流電源配線は、セパレータ等を用いて直接接触しないようにする。

2.15.2
機器の取付け

機器の取付けは、次による。

(ア)　プラットホームは、ケーブル成端及び配線整理を行うのに十分な高さとし、木製の場合は、クリヤ塗装を施す。

　なお、ケーブルを機器の下から入線する場合は、人が乗って作業しても損傷しない構造の点検口を設ける。

(イ)　電話機取付け位置の詳細は、監督職員との協議による。

(ｳ)　電話機取付け位置には、通信コネクタを設ける。

第16節　情報表示設備

**2.16.1
配　線　等**

配線等は、第1節「共通事項」から第13節「接地」までによる。

**2.16.2
機器の取付け**

機器の取付けは、次による。
(ｱ)　出退表示装置の卓上形発信器の取付け位置には、配線用コネクタ等を設ける。
(ｲ)　情報表示盤及び子時計の取付けは、その荷重及び取付け場所に応じた方法とし、荷重の大きいもの及び取付け方法が特殊なものは、あらかじめ取付け詳細図を監督職員に提出する。
(ｳ)　子時計の配線は、コネクタを用いて接続する。

第17節　映像・音響設備

**2.17.1
配　線　等**

配線等は、次によるほか、第1節「共通事項」から第13節「接地」までによる。
(ｱ)　シールドケーブルの接続は、コネクタ又は端子により行い、確実にシールド処理を施す。
(ｲ)　ボックス又は端子盤から増幅器への引出し配線が露出する部分は、これをまとめて保護する。

**2.17.2
機器の取付け**

(1)　天井つり下げ形のプロジェクタは、専用のつり金具を用いてスラブその他構造体に取付ける。
(2)　スクリーンの取付けは、その荷重及び取付け場所に応じた方法とする。
(3)　荷重の大きいもの及び取付け方法が特殊なものは、あらかじめ取付け詳細図を監督職員に提出する。
(4)　天井埋込形スピーカの取付けは、標準図第5編「通信・情報設備工事」（通信27）による。

第18節　拡声設備

2.18.1
配　　線　　等

配線等は、2.17.1「配線等」による。

2.18.2
機 器 の 取 付 け

(1)　天井埋込形スピーカの取付けは、標準図第5編「通信・情報設備工事」（通信27）による。

(2)　屋外用のスピーカは、風雨に耐えるように取付けるものとし、必要に応じて、取付け台等を用いる。

(3)　壁付きのアッテネータは、その入・切により一斉回路に影響を与えない接続とする。

(4)　AM用及びFM用アンテナを他のアンテナと同一のアンテナマストに取付けるときは、他のアンテナに接触しないように取付ける。

第19節　誘導支援設備

2.19.1
配　　線　　等

配線等は、第1節「共通事項」から第13節「接地」までによる。

2.19.2
機 器 の 取 付 け

(1)　音声誘導装置の取付けは、その種類及び取付け場所に応じた方法とし、あらかじめ取付け詳細図を監督職員に提出する。

(2)　インターホン、テレビインターホン、外部受付用インターホン及び夜間受付用インターホンの取付け位置には、配線用コネクタ等を設ける。

第20節　テレビ共同受信設備

2.20.1
配　　線　　等

配線等は、次によるほか、第1節「共通事項」から第13節「接地」までによる。

(ｱ)　各機器で同軸ケーブルを接続しない端子には、ダミー抵抗を取付ける。

(ｲ)　増幅器、分岐器、分配器等に同軸ケーブルを接続する場合は、F型接栓を使用する。また、屋外に設ける場合は、防水形F型接栓で接続した後に防水処理を施す。

　　(ウ)　機器収容箱内のケーブルには、合成樹脂製、ファイバ製等の表
　　　　示札又はマークバンドを取付け、系統種別、行先等を表示する。
　　(エ)　同軸ケーブルを中継する場合は、F型接栓を使用する。

2.20.2
機器の取付け　　　アンテナの取付けは、次による。
　　(ア)　他の通信・情報設備の電線、強電流電線等から3m以上離隔し、
　　　　壁等に取付ける。
　　(イ)　アンテナマストの取付けは、標準図第5編「通信・情報設備工事」
　　　　（通信40）による。
　　(ウ)　複数のアンテナを同一のアンテナマストに取付けるときは、設
　　　　置場所等の条件を考慮し、取付ける。
　　　　　なお、UHFアンテナ相互は0.6m以上離して取付ける。

2.20.3
受　信　調　査　　　アンテナを設置する場合は、特記されたチャンネルに対して、アン
テナ取付け予定位置及びその周辺について、次の項目を測定及び調査
する。
　　(ア)　端子電圧（受信レベル）
　　(イ)　振幅周波数特性
　　(ウ)　等価C/N比
　　(エ)　ビット誤り率（BER）
　　(オ)　受信画質

第21節　監視カメラ設備

2.21.1
配　　線　　等　　　配線等は、次によるほか、第1節「共通事項」から第13節「接地」
までによる。
　　(ア)　カメラ切替器、受像機等に同軸ケーブルを接続する場合は、適
　　　　合するコネクタを使用する。
　　(イ)　屋外に設けるコネクタは、接続後に、防水処理を施す。
　　(ウ)　キャビネット及びラックに収容する機器に接続するケーブル又
　　　　は端子には、合成樹脂製、ファイバ製等の表示札、マークバンド
　　　　等を取付け、系統種別、行先、ケーブル種別等を表示する。

2.21.2
機器の取付け　　　カメラの取付けは、次による。

(ｱ)　照明、太陽等の直接光がレンズに入らないよう、位置と角度を調整して取付ける。

(ｲ)　空調設備の気流が直接当たらない場所に取付ける。

(ｳ)　カメラは、振動しないように取付ける。

(ｴ)　カメラの取付けは、その荷重及び取付け場所に応じた方法とし、荷重の大きいもの及び取付け方法が特殊なものは、あらかじめ取付け詳細図を監督職員に提出する。

第22節　駐車場管制設備

2.22.1
配　　線　　等

配線等は、次によるほか、第1節「共通事項」から第13節「接地」までによる。

(ｱ)　ループコイル及び附属リード線を床スラブ等内に埋設する際は、張力が加わらないようにする。また、スラブ等から立上る部分は、配管等で保護する。

(ｲ)　ループコイルは、鉄筋等の金属物と0.05m以上離隔する。

2.22.2
機器の取付け

(1)　ループコイルとループコイル式検知器の間の配線の長さは、20m以内とする。

(2)　光線式検知器において2組の投受光器の間隔及び取付け高さは、特記による。

(3)　超音波センサ式検知器を2個以上設置する場合の設置間隔は、特記による。

(4)　壁掛形発券器、カードリーダの発券口及び券挿入口の高さは、車路面より1.0m以上1.3m以下とする。

第23節　防犯・入退室管理設備

2.23.1
配　　線　　等

配線等は、第1節「共通事項」から第13節「接地」までによる。

2.23.2
機器の取付け

屋外用のセンサは、風雨に耐えるように取付けるものとし、必要に応じて、取付け台等を用いる。

第24節　自動火災報知設備

2.24.1
配　線　等　　配線等は、第1節「共通事項」から第13節「接地」までによる。

2.24.2
機器の取付け

(1)　差動式、定温式、熱アナログ式スポット型感知器及び自動試験機能等対応型感知器の取付けは、次による。

　(ｱ)　換気口等の吹出口から、1.5m以上離して取付ける。

　(ｲ)　放熱器等温度変化率の大きなものの直上、変電室内の高圧配線の直上等の保守作業が困難な場所を避けて取付ける。

　(ｳ)　感知器の下端は、取付け面（天井面）の下方0.3m以内の位置に設ける。

　(ｴ)　感知器は、45度以上傾斜させないように設ける。

(2)　煙式スポット型感知器（アナログ式、自動試験機能等対応型感知器を含む。）の取付けは、次によるほか、(1)(ｱ)及び(ｴ)による。

　(ｱ)　感知器の下端は、取付け面（天井面）の下方0.6m以内の位置に設ける。

　(ｲ)　壁又ははりから0.6m以上離れた位置に設ける。ただし、廊下及び通路でその幅が1.2m未満の場合は、中央部に設ける。

　(ｳ)　高所に取付ける場合は、保守点検ができるように考慮する。

(3)　光電式分離型感知器（アナログ式を含む。）の取付けは、次による。

　(ｱ)　感知器の受光面は、日光の影響を受けないように設ける。

　(ｲ)　感知器の光軸（感知器の送光面の中心と受光面の中心を結ぶ線）は、並行する壁から0.6m以上離れた位置に設ける。

　(ｳ)　感知器の送光部及び受光部は、その背部の壁から1m以内の位置に設ける。

　(ｴ)　感知器の光軸の高さは、天井等の高さの80%以上となる位置に設ける。

　(ｵ)　感知器の光軸の長さは、感知器の公称監視距離以下とする。

(4)　炎感知器の取付けは、次による。

　(ｱ)　炎感知器は、直射日光、ハロゲンランプ等の紫外線、赤外線ランプ等の赤外線の影響を受けない位置に設ける。ただし、遮光板を設ける場合は、この限りでない。

　(ｲ)　壁によって区画された区域ごとに、当該区域の床面から1.2mまでの空間の各部分から当該感知器までの距離が公称監視距離の範囲とする。

　(ｳ)　障害物等により有効に火災の発生を感知できない場所を避けて取付ける。

(5)　空気管の取付けは、次による。

　(ア)　空気管は、たるみのないように張り、直線部は約0.35m間隔に、屈曲部及び接続部からは0.05m以内に、ステップル等で固定する。（ちょう架用線は除く。）

　(イ)　空気管の接続は、銅管スリーブを用いて空気の漏れ、つまり等がないように、はんだ揚げした後に、空気管と同色の塗装を施す。

　(ウ)　空気管の曲げ半怪は、5mm以上とし、管の著しい変形、傷等ができないように曲げる。

　(エ)　壁、はり等の貫通箇所、埋設箇所又は損傷を受けるおそれのある箇所には、保護管を使用する。

　(オ)　空気管は、暖房用配管、暖冷房用吹出口、その他の発熱体と接しないように敷設する。

　(カ)　空気管を金属面に取付ける場合は、金属面から浮かし、小屋裏等に敷設する場合は、ちょう架用線を使用して敷設する。

　(キ)　空気管は、取付け面（天井面）の下方0.3m以内及び感知区域の取付け面の各辺から1.5m以内の位置に取付ける。

　(ク)　空気管を取付けた後に、塗装等により感度が低下していないことを確認する。

　(ケ)　検出部は、5度以上傾斜しないように設ける。

(6)　熱電対の取付けは次による。

　(ア)　直線部は約0.35m間隔に、熱電対部の両端は0.05m以内の接続電線部で止める。

　　　なお、熱電対部は屈折しないように敷設する。

　(イ)　熱電対と電線の接続は、熱電対の両端に接続電線を差込み、圧着工具で確実に圧着接続する。圧着後に、ビニールスリーブ等で圧着部を被覆する。

　(ウ)　熱電対には極性があるため、極性に注意し直列に接続する。

　(エ)　熱電対は、暖房用配管、暖冷房用吹出口、その他発熱体と接しないように敷設する。

　(オ)　熱電対を金属面・小屋裏等に敷設する場合は、ちょう架用線を使用して敷設する。

　(カ)　熱電対は、取付け面（天井面）の下方0.3m以内の位置に設ける。ただし、接続電線は天井裏等に隠ぺいすることができる。

　(キ)　熱電対を取付けた後に、塗装等により感度が低下していないことを確認する。

　(ク)　検出部は、5度以上傾斜しないように設ける。また、付近に有害な電磁波を発する機器等が設けられていないことを確認する。

(7)　壁掛型受信機の取付け高さは、操作部が床上0.8m以上、かつ、1.5m以下とする。

(8)　受信機には、次の事項を見やすい箇所に表示をする。

なお、表示方法は、透明なケース又は額縁に収めたものとし、下げ札とすることができる。

(ア)　警戒区域一覧図

(イ)　取扱方法の概要

(ウ)　アナログ式受信機は、公称受信温度、濃度範囲及びアナログ式感知器の種別

(エ)　自動試験機能付受信機は、システム概念図並びに自動試験機能対応型感知器の種別、個数及び取扱方法

(オ)　遠隔試験機能付受信機は、(エ)によるほか、外部試験器を用いるものは、型名及び外部試験器を接続するときの注意事項

第25節　自動閉鎖設備 (自動閉鎖機構)

2.25.1
配　線　等

配線等は、第1節「共通事項」から第13節「接地」までによる。

2.25.2
機器の取付け

(1)　感知器の取付けは、2.24.2「機器の取付け」(2)によるほか、防火戸・シャッター用は、防火戸・シャッターからの水平距離が1m以上10m以内の位置に設ける。

(2)　多回線型の連動制御器には、警戒区域一覧図 (透明なケース等に収める。) を具備する。

第26節　非常警報設備

2.26.1
配　線　等

配線等は、第1節「共通事項」から第13節「接地」までによる。

2.26.2
機器の取付け

(1)　起動装置、操作部、一体形及び複合装置は、壁面に固定する。

(2)　非常放送装置の天井埋込形スピーカの取付けは、標準図第5編「通信・情報設備工事」(通信27) による。

第27節　ガス漏れ火災警報設備

2.27.1
配　線　等

配線等は、第1節「共通事項」から第13節「接地」までによる。

2.27.2
機器の取付け

(1)　検知器の取付けは、次による。
　(ア)　外部の気流が頻繁に流通する場所、換気口の吹出口から1.5m以内の場所、燃焼器の排気に触れやすい場所等、ガス漏れの発生を有効に検知することができない場所を避けて設ける。
　(イ)　ガスの空気に対する比重が1未満の場合は、次による。
　　(a)　燃焼器又は導管の外壁貫通部から水平距離で8m以内の位置に設ける。ただし、0.6m以上突出したはり等によって区画されている場合は、燃焼器側又は貫通部側に設ける。
　　(b)　燃焼器が使用される室の天井付近に吸気口がある場合には、燃焼器から最も近い吸気口付近に設ける。ただし、0.6m以上突出したはり等によって区画されている吸気口を除く。
　　(c)　検知器の下端は、天井面の下方0.3m以内の位置に設ける。
　(ウ)　ガスの空気に対する比重が1を超える場合は、次による。
　　(a)　燃焼器又は導管の外壁貫通部から水平距離で4m以内の位置に設ける。
　　(b)　検知器の上端は、床面の上方0.3m以内の位置に設ける。
　　　なお、検知器等に水等がかかるおそれのある場合は、防滴カバー等により保護する。
(2)　警戒区域一覧図等は、2.24.2「機器の取付け」(8)による。

第28節　施工の立会い及び試験

2.28.1
施工の立会い

(1)　施工のうち、表2.28.1において、監督職員の指示を受けたものは、次の工程に進むに先立ち、監督職員の立会いを受ける。
(2)　(1)の立会いを受けた以後、同一の施工内容は、原則として抽出による立会いとし、抽出頻度等は監督職員の指示による。
　なお、(1)の立会いを受けないものは、標準仕様書第1編1.2.4「工事の記録等」(4)による。

表2.28.1 施工の立会い

項目＼細目	施工内容	立会時期
共　　通	基礎ボルトの位置及び取付け	ボルトの取付け作業過程
	収納架の固定	固定作業過程
	主要機器及び盤類の設置	設置作業過程
	壁埋込盤類キャビネットの取付け	ボックスまわり壁埋戻し前
	主要機器及び盤類の取外し	取外し作業過程
	重量物の解体、搬入、搬出及び組立て	作業過程
	受信機、制御架等の改造	改造過程
	金属管、合成樹脂管、ケーブルラック、金属製可とう電線管等の敷設	コンクリート打設前並びに二重天井及び壁仕上げ材取付け前
	電線・ケーブル相互の接続及び端末処理	絶縁処理前
	同上接続部の絶縁処理	絶縁処理過程
	EM-UTPケーブルの成端	成端作業過程
	光ファイバケーブルの融着接続	融着接続作業過程
	電線・ケーブルの機器への接続	接続作業過程
	防火区画貫通部の耐火処置及び外壁貫通部の防水処置	処理過程
	接地極の埋設	掘削部埋戻し前
	総合調整	調整作業過程
架空配線 地中配線	電柱の建柱位置及び建柱	建柱穴掘削前及び建柱過程
	地中電線路の敷設	掘削前及び埋戻し前
	現場打マンホール及びハンドホールの配筋等	コンクリート打設前

2.28.2 施 工 の 試 験

　次により試験を行い、監督職員に試験成績書を提出し、承諾を受ける。

(ｱ)　配線完了後に、次により絶縁抵抗試験を行う。ただし、EM-UTPケーブルは除外する。

　(a)　絶縁抵抗値は、JIS C 1302「絶縁抵抗計」によるものを用いて測定場所に適合する電圧で測定する。

　(b)　配線の電線相互間及び電線と大地間は、1系統当たり5MΩ

以上とする。

　なお、機器が接続された状態では1MΩ以上とする。ただし、絶縁抵抗測定によって、電子部品等の損傷が予想される部分は除く。

(イ)　EM-UTPケーブル配線の伝送品質測定は、配線完了後に、フロア配線盤から通信アウトレットの区間で、標準仕様書第6編2.28.2「施工の試験」表2.28.2による試験を行う。ただし、情報表示設備、監視カメラ設備等でEM-UTPケーブル配線を行う場合は、製造者の社内規格による試験方法とする。

(ウ)　光ファイバケーブルの伝送損失の測定は、配線完了後に行い、システムを構成する機器の許容伝送損失値以下であることを確認する。

(エ)　接地極埋設後に接地抵抗を測定し、設計図書に定められている値以下であることを確認する。

(オ)　構内情報通信網設備は、機器の設置及び配線完了後に、標準仕様書第6編2.28.2「施工の試験」表2.28.5による試験を行う。

(カ)　構内交換設備は、機器の設置及び配線完了後に、標準仕様書第6編2.28.2「施工の試験」表2.28.6による試験を行う。

(キ)　拡声設備、情報表示設備及び誘導支援設備は、機器接続後に、動作試験を行い、機器の動作が設計図書の機能を満たしていることを確認する。

(ク)　情報表示（時刻表示）設備は、機器接続後に、標準仕様書第6編2.28.2「施工の試験」表2.28.7による試験を行う。

(ケ)　映像・音響設備は、機器の設置及び配線完了後に、標準仕様書第6編2.28.2「施工の試験」表2.28.8による試験を行う。

(コ)　テレビ共同受信設備は、標準仕様書第6編2.28.2「施工の試験」表2.28.9による試験を行う。

(サ)　監視カメラ設備は、標準仕様書第6編2.28.2「施工の試験」表2.28.11による試験を行う。

(シ)　駐車場管制設備は、標準仕様書第6編2.28.2「施工の試験」表2.28.12による試験を行う。

(ス)　防犯・入退室管理設備は、標準仕様書第6編2.28.2「施工の試験」表2.28.13による試験を行う。

(セ)　自動火災報知設備、非常警報設備（非常ベル、自動式サイレン、非常用放送設備）及びガス漏れ火災警報設備の試験は、関係法令に基づいて行う。

(ソ)　自動閉鎖設備（自動閉鎖機構）は、機器接続後に、標準仕様書第6編2.28.2「施工の試験」表2.28.14による試験を行う。

第7編　　中央監視制御設備工事

第1章 機　　材

第1節　共通事項

1.1.1
一　般　事　項

(1)　更新、新設及び増設する機材は、標準仕様書第7編第1章「機材」による。

(2)　機器の搬入又は移設に伴い分割する必要が生じた場合は、監督職員と協議する。

第2章　施　　工

第1節　共通事項

2.1.1
共　通　事　項　　共通事項は、第6編第2章第1節「共通事項」による。

第2節　取 付 け

2.2.1
機器の取付け　　機器の取付けは、第2編2.1.13「機器の取付け」による。

第3節　配　　線

2.3.1
配　　　　線　　配線は、次によるほか、最大使用電圧が60Vを超える回路に用いる
ものは、第2編第2章第1節「共通事項」から第14節「接地」までに
よる。ただし、その他の配線は、第6編第2章第1節「共通事項」か
ら第13節「接地」までによる。
　　(ｱ)　シールドケーブルの接続は、コネクタ又は端子により行い、確
　　　　実にシールド処理を施す。
　　(ｲ)　ボックス又は端子盤から機器への引出配線が露出する部分は、
　　　　これをまとめて保護する。

2.3.2
系統種別の表示　　ケーブルの要所には、合成樹脂製、ファイバ製等の表示札等を取付
け、系統種別、行先等を表示する。

第4節　施工の立会い及び試験

2.4.1
施工の立会い　　(1)　施工のうち、表2.4.1において、監督職員の指示を受けたものは、
　　　　次の工程に進むに先立ち監督職員の立会いを受ける。
　　(2)　(1)の立会いを受けた以後、同一の施工内容は、原則として抽出に
　　　　よる立会いとし、抽出頻度等は監督職員の指示による。

　　なお、(1)の立会いを受けないものは、第1編1.2.4「工事の記録等」
(4)による。

表2.4.1　施工の立会い

施工内容	立会い時期
基礎ボルトの位置及び取付け	ボルト取付け作業過程
主要機器及び盤類の設置	設置作業過程
主要機器及び盤類の取外し	作業過程
重量物の解体、搬入、搬出及び組立て	作業過程
金属管、合成樹脂管、ケーブルラック、金属製可とう電線管等の敷設	コンクリート打設前並びに二重天井及び壁仕上げ材取付け前
電線・ケーブル相互の接続及び端末処理	絶縁処理前
同上接続部の絶縁処理	絶縁処理過程
EM-UTPケーブルの成端	成端作業過程
光ファイバケーブルの融着接続	融着接続作業過程
電線・ケーブルの機器への接続	接続作業過程
防火区画貫通部の耐火処理及び外壁貫通部の防水処理	処理過程
総合調整	調整作業過程

2.4.2
施 工 の 試 験

　　施工の試験は、次により行い、監督職員に試験成績書を提出し、承
諾を受ける。
　　(ア)　配線完了後に、第2編2.19.2「施工の試験」(1)(イ)(a)、(b)又は第
　　　6編2.28.2「施工の試験」(ア)により絶縁抵抗試験を行う。
　　(イ)　光ファイバケーブルの伝送損失測定は、第6編2.28.2「施工の
　　　試験」(ウ)により行う。
　　(ウ)　機器の設置及び配線完了後に、標準仕様書第7編2.3.2「施工
　　　の試験」表2.3.2により試験を行う。

第8編　医療関係設備工事

第
8
編

第1章　一般事項

第1章　一般事項

第1節　総　　則

1.1.1
適　　　用

本編は、医療関係施設に係る電気設備工事に適用する。

第2節　共通事項

1.2.1
一　般　事　項

医療関係設備工事は、標準仕様書第8編「医療関係設備工事」による。

資　　料

資

料

引用規格一覧

（令和3年11月30日現在）

(1) 日本産業規格（JIS規格）

規格番号	規格名称
JIS A 4201 2003	建築物等の雷保護
JIS A 5001 2008	道路用砕石
JIS A 5308 2019	レディーミクストコンクリート
JIS C 1302 2018	絶縁抵抗計
JIS C 2805 2010	銅線用圧着端子
JIS C 2813 2009	屋内配線用差込形電線コネクタ
JIS C 3651 2014	ヒーティング施設の施工方法
JIS C 3653 2004	電力用ケーブルの地中埋設の施工方法
JIS C 3814 1999	屋内ポストがいし
JIS C 3851 2012	屋内用樹脂製ポストがいし
JIS C 6841 1999	光ファイバ心線融着接続方法
JIS C 7612 1985	照度測定方法
JIS C 8366 2012	ライティングダクト
JIS C 8955 2017	太陽電池アレイ用支持物の設計用荷重算出方法
JIS C 9711 1997	屋内配線用電線接続工具
JIS G 3112 2020	鉄筋コンクリート用棒鋼
JIS G 3452 2019	配管用炭素鋼鋼管
JIS G 3469 2016	ポリエチレン被覆鋼管
JIS G 5501 1995	ねずみ鋳鉄品
JIS G 5502 2007	球状黒鉛鋳鉄品
JIS K 5492 2014	アルミニウムペイント
JIS K 5516 2019	合成樹脂調合ペイント
JIS K 6741 2016	硬質ポリ塩化ビニル管
JIS Q 1001 2020	適合性評価－日本産業規格への適合性の認証－一般認証指針（鉱工業品及びその加工技術）
JIS Q 1011 2019	適合性評価－日本工業規格への適合性の認証－分野別認証指針（レディーミクストコンクリート）
JIS R 5210 2019	ポルトランドセメント
JIS R 5211 2019	高炉セメント
JIS R 5212 2019	シリカセメント
JIS R 5213 2019	フライアッシュセメント
JIS X 5150-1 2021	汎用情報配線設備－第1部：一般要件
JIS Z 7253 2019	GHSに基づく化学品の危険有害性情報の伝達方法－ラベル、作業場内の表示及び安全データシート（SDS）

(2) 日本建築学会、その他団体規格等

団体名称	規格番号	規　格　等　の　名　称
日本建築学会	JASS 18 M-109 2013	変性エポキシ樹脂プライマーおよび 弱溶剤系変性エポキシ樹脂プライマー
(一社)日本電機工業会	JEM 1459 2020	配電盤・制御盤の構造及び寸法
(一社)日本配電制御 システム工業会	JSIA 113 2020	キャビネット形動力制御盤
(一社)日本塗装工業会	JPMS 28 2016	一液形変性エポキシ樹脂さび止めペイント

建築工事安全施工技術指針

$$\left(\begin{array}{l}\text{平成 7 年 5 月25日　建 設 省 営 監 発 第13号}\\\text{最終改正　平成27年 1 月20日　国営整第216号}\end{array}\right)$$

第Ⅰ編　総　　　　則

（目的）

第1　本指針は，官庁施設の建築工事，建築設備工事等における事故・災害を防止するための一般的な技術上の留意事項と必要な措置等について定め，もって施工の安全を確保することを目的とする。

（適用範囲）

第2　本指針は，建築物の新築，増築，改修（修繕，模様替）又は解体（除却）のために必要な工事（以下「工事」という。）を対象とする。

2　施工者は，本指針を参考とし，常に工事の安全な施工に努めるものとする。

第Ⅱ編　一般・共通事項

第1章　安全施工の一般事項

（法令の厳守）

第3　工事の安全施工については，建築基準法，労働安全衛生法その他関係法令等に定めるもののほか，この指針の定めるところによること。

（一般的事項）

第4　工事の着手に先立ち，事前調査を行い，その結果に基づいて総合仮設及び工種別の安全に関する施工計画を立て，その内容を工事関係者へ周知させること。

　　なお，事前調査に際しては既存の地中埋設管路の有無に十分に注意を払うこと。

2　施工に当たっては，計画のとおり実施するとともに，常に確認を行い，計画と相違する点を発見し，又は予見した場合は，速やかに是正措置を講ずること。

3　事前検討の際の条件と実際の施工条件との相違又は設計変更等，新たに生じた状況等により当初の施工計画に変更が生じる場合は，全体状況を勘案して速やかに是正措置を講ずること。

（安全措置一般）

第5　工事における事故・災害（火災，墜落，転落，飛来・落下，崩壊，倒壊，酸素欠乏症等，熱中症，石綿被害，化学物質関連等）を防止するため，安全施工に関する技術的方策を講ずること。

2　工事中における異常気象（大雨，強風，大雪，雷等），大地震及び大津波に

対応するため，最新の気象情報等の収集に努め安全施工に関する技術的方策を講ずること。

第2章　仮設工事
（共通事項）
第6　仮設物の計画に当たっては，関連する別工事（以下「関連工事」という。）及び関連する施設との連係を総合的に考慮し，作業方法，作業手順等を検討すること。

2　仮設物の組立及び解体（使用時の不都合に際しての改造・盛替え等も含む。）に当たっては，適正な機器，材料を使用し，所定の有資格者等を配置して，計画された手順等に従って作業を行うこと。

また，当該工事及び関連工事の関係者（以下「関係者」という。）に対して，時期，範囲，順序等を周知させること。

3　仮設物の使用に当たっては，設置期間中の保守・点検を行い，良好な状態を保つとともに，関係者に対して，仮設物の使用に当たっての遵守事項を周知させること。

また，異常気象等に対しては，速やかに必要な安全対策を講ずること。

（足場）
第7　足場の計画に当たっては，想定される荷重及び外力の状況，使用期間等を考慮して，種類及び構造を決定すること。

2　足場の使用に当たっては，関係者に対して，計画時の条件等を明示したうえで，周知させること。

3　屋根面からの墜落事故防止対策として，必要に応じ，JIS A 8971（屋根工事用足場及び施工方法）による足場及び装備機材の設置を検討すること。

（仮設通路）
第8　仮設通路の計画に当たっては，設置位置，安全誘導措置等を検討すること。

2　仮設通路の使用に当たっては，表示板等による安全誘導措置を講ずること。

（作業構台）
第9　作業構台の計画に当たっては，使用目的に応じた位置，形状及び規模とするとともに，積載荷重及び外力に対して安全な構造とし，墜落，落下等の事故の防止策を検討すること。

2　作業構台の使用に当たっては，関係者に対して，積載荷重等を明示したうえで，周知させること。

（仮囲い，出入口）
第10　工事現場には，工事範囲を明確にし，第三者の侵入を防止するため，仮囲いを設置すること。

また，工事車両及び関係者の出入口を設置したうえで出入口であることを表示すること。

2　仮囲い，出入口の組立及び解体（工事に伴う盛替えを含む。）に当たっては，関係者及び第三者に十分注意して作業を行うこと。

（仮設建物）

第11　仮設建物（事務所，材料置場，下小屋等）の計画に当たっては，床荷重，強風等を考慮し，それらに耐えうる構造とすること。

2　仮設建物の使用に当たっては，火元責任者等を選任し，消火器等の設置，喫煙場所を限定する等，火災等の発生防止に努めること。

（仮設設備）

第12　工事用電力設備の計画に当たっては，関係法令等を遵守し，漏電，感電，火災等の事故防止に努めること。

2　各種仮設設備（給排水，衛生設備，空調設備，照明設備等）の計画に当たっては，全施工計画並びに作業員の作業環境及び衛生環境を考慮すること。

3　各種仮設設備の使用に当たっては，関係者に対しては，計画時の条件等を明示したうえで，周知させること。

第3章　建設機械

（一般的事項）

第13　建設機械の計画に当たっては，その機能と能力が該当作業の状況に適切であることを確認したうえで機種を選定すること。

2　建設機械の使用に当たっては，取扱い環境を把握し，倒壊，転倒，接触等の事故を防止するための措置を講ずるとともに，法令で定める有資格者に操作させること。

また，日常及び定期の点検整備を適正に行い，異常気象等に対しては，速やかに必要な安全対策を講ずること。

（賃貸機械等の使用）

第14　賃貸機械又は貸与機械の使用に当たっては，十分な点検整備がされていることを確認し，取扱い関係者に対して，操作方法，機械性能等を周知させること。

2　運転者付き機械の使用に当たっては，当該運転者が有資格者であることを確認すること。

第Ⅲ編　各　種　工　事

第1章　建築工事

（土工事）

第15　土工事の計画に当たっては，現地調査及び地盤調査の結果並びに当該工事規模，工期等の施工条件を検討したうえで，適正な構工法を選定すること。

2　山留めの点検，計測管理の方法及び体制を事前に検討したうえで確立し，地盤及び山留めの崩壊，周辺地盤の沈下，埋設物・構造物の損壊等の事故の防止策を検討すること。

3　重機の使用に当たっては，地盤の崩壊に伴う倒壊，接触，はさまれ等の事故の防止策を講ずること。

4　地山掘削や山留め支保工の組立・解体に当たっては，作業主任者を選任し，作業を指揮させること。

5　異常を確認した場合は，速やかにその防護措置を講ずること。

（地業工事）
第16　地業工事の計画に当たっては，現地調査や地盤調査を行い，埋設物の破損，重機の倒壊等の事故の防止策を検討すること。

2　地業工事の施工に当たっては，所定の有資格者に作業を指揮させること。

3　杭工事の施工に当たっては，酸欠，杭孔への転落等の事故防止策を講ずること。

（躯体工事）
第17　躯体工事の計画に当たっては，材料の飛来・落下等による事故・災害の防止策を検討すること。

特に，鉄骨工事においては，組立時の倒壊及び転倒，型枠工事においては，支柱等の崩壊を防止する措置を事前に検討すること。

2　躯体工事の施工に当たっては，各作業の有資格者に作業を指揮させること。

（仕上工事）
第18　仕上工事の計画に当たっては，飛来・落下，火災，有機溶剤中毒等，関係者への影響も考慮した事故・災害の防止策を検討すること。

2　仕上工事の施工に当たっては，足場（移動式，簡易式を含む。）からの墜落，転落等の事故防止策を講ずること。

第2章　電気設備工事
（一般的事項）
第19　電気設備工事の計画に当たっては，関連工事，関連施設及び関係者と調整のうえ，安全に関する施工計画を作成し，その計画のとおり実施すること。

（施工）
第20　電気設備工事の施工に当たっては，工事の進捗に応じた適切な機械工具，仮設設備等を選定し，適正に使用すること。

2　計画に変更が生じた場合は関係者と協議のうえ，速やかに必要な措置を講ずること。

（試運転・調整）
第21　電気設備工事の試運転・調整に当たっては，所定の有資格者の指揮のもと，感電，機械器具等による事故・災害の防止のため，作業内容を関係者に周知徹底するとともに，安全区域を設定し表示する等の対策を講ずること。

また，受電後，受変電室等への関係者以外の立入りを禁ずること。

第3章　機械設備工事
（一般的事項）
第22　機械設備工事の計画に当たっては，関連工事，関連施設及び関係者と調整のうえ，安全に関する施工計画を作成し，その計画のとおり実施すること。

（施工）
第23　機械設備工事の施工に当たっては，工事の進捗に応じた適切な機械工具，仮設設備等を選定し，適正に使用すること。

2　計画に変更が生じた場合は関係者と協議のうえ，速やかに必要な措置を講ずること。

（試運転・調整）
第24　機械設備工事の試運転・調整に当たっては，所定の有資格者の指揮のもと，高温，低温，高圧，危険物，感電，電動機械器具等による事故・災害の防止のため，作業内容を関係者に周知徹底するとともに，安全区域を設定し表示する等の対策を講ずること。

（昇降機設備工事）
第25　昇降機設備の計画に当たっては関連工事，関連施設及び関係者と事前に協議を行い，据付工事開始時期及び据付工法を決定のうえ，その工法に適した安全施工計画を作成し，その計画のとおり実施すること。
2　昇降機設備の施工に当たっては，関係者に対して安全対策を講ずること。
3　昇降機設備の試運転・調整に当たっては，回転部及びロープへの巻き込まれ，ピット又はオーバーヘッド部分でのはさまれ，エレベーターシャフトへの転落等の防止に留意するとともに，関係者に対する安全対策を講ずること。
4　昇降機設備の仮使用に当たっては，管理責任者を定め，運行管理を行わせること。

第4章　外構工事
（計画）
第26　外構工事の計画に当たっては，敷地条件，関連工事間の連係及び敷地周辺への影響を考慮して，使用する機械及び作業手順を決定し，その計画のとおり実施すること。

（施工）
第27　外構工事の施工に当たっては，建設機械及び運搬車両との接触等による事故・災害の防止に努めるとともに，現場周辺での第三者に対する事故・災害の防止のための措置を講ずること。
　　また，作業に変更が生じた場合は，関連工事と調整を行うとともに，関係者に対して周知させること。

第5章　改修工事
（計画）
第28　改修工事の計画に当たっては，使用している施設の一部で工事を実施するため，作業日，作業時間等に制限があることを考慮し，事前調査を行ったうえで，適正な工法及び手順を決定すること。
　　既存施設が建設後，複数年を経過し地中埋設管路が不明な場合は，特に埋設物調査を入念に実施すること。
2　防災施設，避難通路等については，仮使用されている部分を含めた総合的な安全対策を講ずること。

（施工）
第29　改修工事の施工に当たっては，解体工事を含めた関連工事との連係を考慮

し，それぞれの作業手順に従って作業を行うとともに，周辺環境及び第三者に
対する安全措置，既存施設の火災，損壊等による関係者以外への危害防止措置
を講ずること。
2　振動，騒音，粉じん，石綿等，有機溶剤等による周辺環境の悪化を防止する
措置を講ずること。
3　夜間作業を行う場合は，休憩所の確保等，安全衛生管理を行うこと。

（産業廃棄物）
第30　改修工事で発生する解体材は，関係法令に従って分別，保管，収集，運搬，
再生，処分等を行うこと。

第6章　解体工事
（計画）
第31　解体工事の計画に当たっては，解体物，周辺環境，埋設物等の事前調査を行
ったうえで，適正な工法及び手順を決定すること。
2　解体工事で発生する解体材の分別，保管，収集，運搬，再生，処分等につい
ての適正な方法及び手順を決定すること。

（施工）
第32　解体工事の施工に当たっては，周辺環境及び第三者に対する配慮並びに飛
散，倒壊等による事故・災害の防止策を講ずること。

（産業廃棄物）
第33　解体工事で発生する解体材は，関係法令に従い分別，保管，収集，運搬，再
生，処分等を行うこと。

建設工事公衆災害防止対策要綱（抄）

$$\left[\begin{array}{l} 令和元年9月2日 \\ 国土交通省告示第496号 \end{array}\right]$$

建築工事等編

第1章　総　　　則

第1　目的

1　この要綱は、建築工事等の施工に当たって、当該工事の関係者以外の第三者（以下「公衆」という。）の生命、身体及び財産に関する危害並びに迷惑（以下「公衆災害」という。）を防止するために必要な計画、設計及び施工の基準を示し、もって建築工事等の安全な施工の確保に寄与することを目的とする。

第2　適用対象

1　この要綱は、建築物の建築、修繕、模様替又は除却のために必要な工事（以下「建築工事等」という。）に適用する。

第3　発注者及び施工者の責務

1　発注者（発注者の委託を受けて業務を行う設計者及び工事監理者を含む。以下同じ。）及び施工者は、公衆災害を防止するために、関係法令等（建築基準法、労働安全衛生法、大気汚染防止法、水質汚濁防止法、騒音規制法、振動規制法、火薬類取締法、消防法、廃棄物の処理及び清掃に関する法律（廃棄物処理法）、建設工事に係る資材の再資源化等に関する法律（建設リサイクル法）、電気事業法、電波法、悪臭防止法、建設副産物適正処理推進要綱）に加え、この要綱を遵守しなければならない（ただし、この要綱において発注者が行うこととされている内容について、契約の定めるところにより、施工者が行うことを妨げない）。
2　前項に加え、発注者及び施工者は、この要綱を遵守するのみならず、工事関係者への災害事例情報の周知や重機の排ガス規制等、より安全性を高める工夫や周辺環境の改善等を通じ、公衆災害の発生防止に万全を期さなければならない。

第4　設計段階における調査等

1　発注者は建築工事等の設計に当たっては、現場の施工条件を十分に調査した上で、施工時における公衆災害の発生防止に努めなければならない。また、施工時に留意すべき事項がある場合には、関係資料の提供等により、施工者に確実に伝達しなければならない。
2　建築工事等に使用する機械（施工者が建設現場で使用する機器等で、自動制御により操作する場合を含む。以下、「建設機械」という。）を設計する者は、これらの物が使用されることによる公衆災害の発生防止に努めなければならない。

第5 施工計画及び工法選定における危険性の除去と施工前の事前評価

1　発注者及び施工者は、建築工事等による公衆への危険性を最小化するため、原則として、工事範囲を敷地内に収める施工計画の作成及び工法選定を行うこととする。ただし、第24（落下物による危害の防止）に規定する防護構台を設置するなど、敷地外を活用する場合に十分に安全性が確保できる場合にはこの限りではない。

2　発注者及び施工者は、建築工事等による公衆への迷惑を抑止するため、原則として一般の交通の用に供する部分の通行を制限しないことを前提とした施工計画の作成及び工法選定を行うこととする。

3　施工者は、建築工事等に先立ち、危険性の事前評価（リスクアセスメント）を通じて、現場での各種作業における公衆災害の危険性を可能な限り特定し、当該リスクを低減するための措置を自主的に講じなければならない。

4　施工者は、いかなる措置によっても危険性の低減が図られないことが想定される場合には、施工計画を作成する前に発注者と協議しなければならない。

第6 建設機械の選定

1　施工者は、建設機械の選定に当たっては、工事規模、施工方法等に見合った、安全な作業ができる能力を持ったものを選定しなければならない。

第7 適正な工期の確保

1　発注者は、建築工事等の工期を定めるに当たって、この要綱に規定されている事項が十分に守られるように設定しなければならない。また、施工途中において施工計画等に変更が生じた場合には、必要に応じて工期の見直しを検討しなければならない。

第8 公衆災害防止対策経費の確保

1　発注者は、工事を実施する立地条件等を把握した上で、この要綱に基づいて必要となる措置をできる限り具体的に明示し、その経費を適切に確保しなければならない。

2　発注者及び施工者は、施工途中においてこの要綱に基づき必要となる施工計画等に変更が生じた場合には、必要に応じて経費の見直しを検討しなければならない。

第9 隣接工事との調整

1　発注者及び施工者は、他の建設工事に隣接輻輳して建築工事等を施工する場合には、発注者及び施工者間で連絡調整を行い、歩行者等への安全確保に努めなければならない。

第10 付近居住者等への周知

1　発注者及び施工者は、建築工事等の施工に当たっては、あらかじめ当該工事の概要及び公衆災害防止に関する取組内容を付近の居住者等に周知するとともに、付近の居住者等の公衆災害防止に対する意向を可能な限り考慮しなければならない。

第11 荒天時等の対応に関する検討

1　施工者は、工事着手前の施工計画立案時において強風、豪雨、豪雪時における作業中止の基準を定めるとともに、中止時の仮設構造物、建設機械、資材等の具体的

な措置について定めておかなければならない。

第12　現場組織体制

1　施工者は、建築工事等に先立ち、当該工事の立地条件等を十分把握した上で、工事の内容に応じた適切な人材を配置し、指揮命令系統の明確な現場組織体制を組まなければならない。
2　施工者は、複数の請負関係のもとで工事を行う場合には、特に全体を統轄する組織により、安全施工の実現に努めなければならない。
3　施工者は、新規入場者教育等の機会を活用し、工事関係者に工事の内容や使用機器材の特徴等の留意点を具体的に明記し、本要綱で定める規定のうち当該工事に関係する内容について周知しなければならない。

第13　公衆災害発生時の措置と再発防止

1　発注者及び施工者は、建築工事等の施工に先立ち、事前に警察、消防、病院、電力等の関係機関の連絡先を明確化し、迅速に連絡できる体制を準備しなければならない。
2　発注者及び施工者は、建築工事等の施工により公衆災害が発生した場合には、施工を中止した上で、直ちに被害状況を把握し、速やかに関係機関へ連絡するとともに、応急措置、二次災害の防止措置を行わなければならない。
3　発注者及び施工者は、工事の再開にあたり、類似の事故が再発しないよう措置を講じなければならない。

第2章　一般事項

第14　整理・整頓

1　施工者は、常に作業場内外を整理整頓し、塵埃等により周辺に迷惑の及ぶことのないよう注意しなければならない。

第15　飛来落下による危険防止

1　施工者は、作業場の境界の近くで、かつ、高い場所から、くず、ごみその他飛散するおそれのある物を投下する場合には、建築基準法の定めるところによりダストシュートを設置する等、当該くず、ごみ等が作業場の周辺に飛散することを防止するための措置を講じなければならない。
2　施工者は、建築工事等を施工する部分が、作業場の境界の近くで、かつ、高い場所にあるとき、その他はつり、除却、外壁の修繕等に伴う落下物によって作業場の周辺に危害を及ぼすおそれがあるときは、建築基準法の定めるところにより、作業場の周囲その他危害防止上必要な部分をネット類又はシート類で覆う等の防護措置を講じなければならない。

第16　粉塵対策

1　施工者は、建築工事等に伴い粉塵発生のおそれがある場合には、発生源を散水などにより湿潤な状態に保つ、発生源を覆う等、粉塵の発散を防止するための措置を講じなければならない。

第17 適正な照明

1　施工者は、建築工事等に伴い既存の照明施設を一時撤去又は移動する場合には、公衆の通行等に支障をきたさないよう、適切な照明設備を設けなければならない。

第18 火災防止

1　施工者は、建築工事等のために火気を使用し、かつ、法令上必要な場合には、あらかじめ所轄消防署に連絡し、必要な手続きを行わなければならない。

2　施工者は、火気を使用する場合には、引火、延焼を防止する措置を講ずるほか、次の各号に掲げる措置を講じなければならない。

　　一　火気の使用は、建築工事等の目的に直接必要な最小限度にとどめ、工事以外の目的に使用する場合には、あらかじめ火災のおそれのない箇所を指定し、その場所以外では使用しないこと。

　　二　建築工事等の規模に見合った消火器及び消火用具を準備しておくこと。

　　三　火のつき易いものの近くで使用しないこと。

　　四　溶接、切断等で火花がとび散るおそれのある場合においては、必要に応じて監視人を配置するとともに、火花のとび散る範囲を限定するための措置を講ずること。

第19 危険物貯蔵

1　施工者は、作業場に危険物を貯蔵する場合には、関係法令等に従い、適正に保管しなければならない。

　　特に、可燃性塗料、油類その他引火性材料の危険物又はボンベ類の危険物は、関係法令等の定めるところにより、直射日光を避け、通気・換気のよいところに危険物貯蔵所を設置して保管するとともに、「危険物」、「火気厳禁」等の表示を行い、取扱者を選任して、保安の監督をさせなければならない。

2　施工者は、一定量以上の指定可燃物を貯蔵し又は取扱う場合には、必要に応じ、関係機関へ届出を行い、又は関係機関の許可を受けなければならない。

第20 周辺構造物への対策

1　施工者は、周辺構造物に近接して掘削を行う場合には、周囲の地盤のゆるみ、沈下、構造物の破損及び汚損等に十分注意するとともに、影響を与える可能性のある周辺構造物の補強、移設、養生等及び掘削後の埋戻方法について、その構造物の管理者とあらかじめ協議し、構造物の保全に必要な措置を講じなければならない。

第21 仮囲い、出入口

1　施工者は、工事期間中、原則として作業場の周辺にその地盤面からの高さが1.8メートル（特に必要がある場合は3メートル）以上の板べいその他これに類する仮囲いを次の各号に掲げるところに従い設け、適切に維持管理しなければならない。

　　一　強風等により倒壊することがないよう十分に安全な構造とすること。

　　二　工事期間に見合った耐久性のあるものとすること。

2　施工者は、仮囲いに出入口を設けるに当たっては、次の各号に掲げるところに従い適切に設置し、維持管理しなければならない。

　　一　できる限り交通の支障がない箇所に設置すること。

　　二　工事に必要がない限りこれを閉鎖しておくとともに、公衆の出入りを禁ずる旨

の掲示を行うこと。

　　三　車両の出入りが頻繁な場合、原則、交通誘導警備員を配置し、公衆の出入りを防止するとともに、出入りする車両の誘導にあたらせること。

　　四　扉の構造は、引戸又は内開きとすること。

第22　建設資材等の運搬

1　施工者は、運搬経路の設定に当たっては、事前に経路付近の状況を調査し、必要に応じて関係機関等と協議を行い、騒音、振動、塵埃等の防止に努めなければならない。

2　施工者は、運搬経路の交通状況、道路事情、障害の有無等について、常に実態を把握し、安全な運行が行われるよう必要な措置を講じなければならない。

3　施工者は、船舶によって運搬を行う場合には、航行する水面の管理者が指定する手続き等を遵守し、施設又は送電線等の工作物への接触及び衝突事故を防止するための措置を講じなければならない。

第23　外部足場に関する措置

1　施工者は、外部足場の倒壊及び崩壊を防止するため、外部足場の計画に当たっては、想定される荷重及び外力の状況、使用期間等を考慮して、種類及び構造を決定するとともに、良好な状態に維持管理しなければならない。

　　特に、外部足場と建築物の構造体との壁つなぎは、作業場の状況に応じて水平方向及び垂直方向に必要な数を堅固に取り付けるとともに、足場の脚部は、滑動及び沈下を防止するための措置を講じなければならない。

2　施工者は、建築工事等を行う部分から、ふ角75度を超える範囲又は水平距離5メートル以内の範囲に隣家、一般の交通その他の用に供せられている場所がある場合には、次の各号に掲げる落下物による危害防止のための防護棚等を設置しなければならない。

　　一　建築工事等を行う部分が、地盤面からの高さが10メートル以上の場合にあっては1段以上、20メートル以上の場合にあっては2段以上設けること。

　　二　最下段の防護棚は、建築工事等を行う部分の下10メートル以内の位置に設けること。

　　三　防護棚は、すき間がないもので、落下の可能性のある資材等に対し十分な強度及び耐力を有する適正な構造であること。

　　四　各防護棚は水平距離で2メートル以上突出させ、水平面となす角度を20度以上とし、風圧、振動、衝撃、雪荷重等で脱落しないよう骨組に堅固に取り付けること。

3　施工者は、外部足場の組立て及び解体に当たっては、事前に作業計画を立て、関係者に時期、範囲、順序等を周知させ、安全に作業を実施しなければならない。

第24　落下物による危害の防止

1　施工者は、屋外での工事期間が長期間に渡る場合及び歩行者の多い場合においては、原則として、防護構台（荷重及び外力に十分耐える構造のもの）を設置するものとする。なお、外部足場の外側より水平距離で2メートル以上の幅を有する防護構台を設けた場合は、第23（外部足場に関する措置）の規定による最下段の防護棚は省略することができる。

2　施工者は、外部足場による危害の防止のため、足場を鉄網若しくは帆布やメッシ

ュシートで覆い又はこれと同等以上の効力を有する防護措置を講じなければならない。この場合において、鉄網、帆布等は、足場骨組に緊結し、落下物による衝撃に十分耐えられる強度を有するものとし、鉄網、帆布等を支持する足場の骨組も、当該衝撃に対し、安全なものとしておかなければならない。

3 施工者は、前2項の措置に加え、資材の搬出入、組立て、足場の設置、解体時の材料、器具、工具等の上げ下ろし等、落下物の危険性を伴う場合においては、交通誘導警備員を配置し一般交通等の規制を行う等落下物による危害を防止するための必要な措置を講じなければならない。

4 施工者は、道路上に防護構台を設置する場合や防護棚を道路上空に設ける場合には、道路管理者及び所轄警察署長の許可を受けるとともに、協議に基づく必要な安全対策を講じなければならない。

第25 足場等の設置・解体時の作業計画及び手順

1 施工者は、足場や型枠支保工等の仮設構造物を設置する場合には、組立て、解体時においても第5（施工計画及び工法選定における危険性の除去と施工前の事前評価）の規定により倒壊、資材落下等に対する措置を講じなければならない。

2 施工者は、組立て、解体時の材料、器具、工具等の上げ下ろしについても、原則、一般の交通その他の用に供せられている場所を避け、作業場内で行わなければならない。

3 施工者は、手順上、第24（落下物による危害の防止）の規定に基づく鉄網若しくは帆布、防護棚等を外して作業をせざるを得ない場合においては、取り外す範囲及び期間が極力少なくなるように努めるとともに、取り外すことによる公衆への危害を防止するために、危害が及ぶおそれのある範囲を通行止めにする等の措置を講じなければならない。また、作業終了後の安全対策について立入り防止等細心の注意を払わなければならない。

第26 埋設物の事前確認

1 発注者は、作業場、工事用の通路及び作業場に近接した地域にある埋設物について、埋設物の管理者の協力を得て、位置、規格、構造及び埋設年次を調査し、その結果に基づき埋設物の管理者及び関係機関と協議確認の上、設計図書にその埋設物の保安に必要な措置を記載して施工者に明示するよう努めなければならない。

2 発注者又は施工者は、建築工事等を施工しようとするときは、施工に先立ち、埋設物の管理者等が保管する台帳と設計図面を照らし合わせて、位置（平面・深さ）を確認した上で、細心の注意のもとで試掘等を行い、その埋設物の種類、位置（平面・深さ）、規格、構造等を原則として目視により確認しなければならない。ただし、埋設物管理者の保有する情報により当該項目の情報があらかじめ特定できる場合や、学会その他で技術的に認められた方法及び基準に基づく探査によって確認した場合はこの限りではない。

3 発注者又は施工者は、試掘等によって埋設物を確認した場合においては、その位置（平面・深さ）や周辺地質の状況等の情報を、埋設物の管理者等に報告しなければならない。この場合、深さについては、原則として標高によって表示しておくものとする。

4 施工者は、工事施工中において、管理者の不明な埋設物を発見した場合、必要に応じて専門家の立ち会いを求め埋設物に関する調査を再度行い、安全を確認した後に措置しなければならない。

第27 埋設物の保安維持等

1　発注者又は施工者は、埋設物に近接して建築工事等を施工する場合には、あらかじめその埋設物の管理者及び関係機関と協議し、関係法令等に従い、埋設物の防護方法、立会の有無、緊急時の連絡先及びその方法、保安上の措置の実施区分等を決定するものとする。また、埋設物の位置（平面・深さ）、物件の名称、保安上の必要事項、管理者の連絡先等を記載した標示板を取り付ける等により明確に認識できるように工夫するとともに、工事関係者に確実に伝達しなければならない。

第28 鉄道及び軌道敷近傍での作業

1　発注者は、鉄道及び軌道敷に近接した場所で建築工事等を施工する場合においては、保全に関し必要な事項を鉄道事業者と協議しなければならない。

第29 道路区域近傍での仮設物の設置等

1　発注者及び施工者は、建築工事等に伴う倒壊及び崩落などの事象によって周辺の道路構造の保全及び道路の機能の確保に影響を与える可能性がある場合には、道路法第32条に定める道路占用許可を要しない場合であっても、あらかじめ道路管理者に連絡するとともに、道路管理者の指示を受け、又は協議により必要な措置を講じなければならない。

第30 安全巡視

1　施工者は、作業場内及びその周辺の安全巡視を励行し、事故防止施設の整備及びその維持管理に努めなければならない。

2　施工者は、安全巡視に当たっては、十分な経験を有する技術者、関係法令等に精通している者等安全巡視に十分な知識のある者を選任しなければならない。

第3章　交通対策

第31 作業場への工事車両の出入り等

1　施工者は、近接して他の建設工事が行われる場合には、施工者間で交通の誘導について十分な調整を行い、交通の安全を図らなければならない。

2　施工者は、第21（仮囲い、出入口）の規定により作業場に出入りする車両等が道路構造物及び交通安全施設等に損傷を与えることのないよう注意しなければならない。損傷させた場合には、直ちに当該管理者に報告し、その指示により復旧しなければならない。

第32 一般交通を制限する場合の措置

1　発注者及び施工者は、やむを得ず通行を制限する必要のある場合においては、道路管理者及び所轄警察署長の指示に従うものとし、特に指示のない場合は、次の各号に掲げるところを標準とする。

　一　制限した後の道路の車線が1車線となる場合にあっては、その車道幅員は3メートル以上とし、2車線となる場合にあっては、その車道幅員は5.5メートル以上とする。

　二　制限した後の道路の車線が1車線となる場合で、それを往復の交互交通の用に

供する場合においては、その制限区間はできる限り短くし、その前後で交通が渋滞することのないよう原則、交通誘導警備員を配置しなければならない。

2　発注者及び施工者は、建築工事等のために、一般の交通を迂回させる必要がある場合においては、道路管理者及び所轄警察署長の指示するところに従い、まわり道の入口及び要所に運転者又は通行者に見やすい案内用標示板等を設置し、運転者又は通行者が容易にまわり道を通過し得るようにしなければならない。

3　発注者及び施工者は、建築工事等の車両が交通に支障を起こすおそれがある場合には、関係機関と協議を行い、必要な措置を講じなければならない。

第33　歩行者用通路の確保

1　発注者及び施工者は、やむを得ず通行を制限する必要がある場合、歩行者が安全に通行できるよう車道とは別に、幅0.90メートル以上（高齢者や車椅子使用者等の通行が想定されない場合は幅0.75メートル以上）、有効高さは、2.1メートル以上の歩行者用通路を確保しなければならない。特に歩行者の多い箇所においては幅1.5メートル以上、有効高さは2.1メートル以上の歩行者用通路を確保し、交通誘導警備員を配置する等の措置を講じ、適切に歩行者を誘導しなければならない。

2　施工者は歩行者用通路と作業場との境には、さく、パネル等を設けること。また、歩行者用通路と車両の交通の用に供する部分との境は、移動さくを間隔をあけないように設置し、又は移動さくの間に安全ロープ等をはってすき間ができないよう設置する等明確に区分する。

3　施工者は、歩行者用通路には、必要な標識等を掲げ、夜間には、適切な照明等を設けなければならない。また、歩行に危険のないよう段差や路面の凹凸をなくすとともに、滑りにくい状態を保ち、必要に応じてスロープ、手すり及び視覚障害者誘導用ブロック等を設けなければならない。

4　施工者は上記の措置がやむを得ず確保できない場合には、施工計画の変更等について発注者と協議しなければならない。

第34　乗入れ構台

1　施工者は、乗入れ構台を設ける場合には、用途に応じた形状及び規模のものとし、想定される積載荷重及び外力に十分耐える構造としなければならない。

第35　荷受け構台

1　施工者は、荷受け構台を設ける場合には、揚重材料に応じた形状及び規模のものを適切な位置に設けるものとし、想定される荷重及び外力に十分耐える構造のものとしなければならない。

2　施工者は、荷受け構台が作業場の境界に近接している場合には、構台の周辺に手すりや幅木を設ける等落下物による危害を防止するための設備を設けなければならない。

3　施工者は、荷受け構台を設けて材料等の揚重を行うに当たっては、原則として、速やかに揚重材料を荷受け構台上から移送するものとし、やむを得ず揚重材料を荷受け構台上に滞留させる場合には、荷崩れ、風等により飛来落下するおそれのあるものは、堅固な部分に固定する等の措置を講じなければならない。

第4章　使用する建設機械に関する措置

第36　建設機械の使用及び移動

1　施工者は、建設機械を使用するに当たり、定められた用途以外に使用してはならない。また、建設機械の能力を十分に把握・検討し、その能力を超えて使用してはならない。
2　施工者は、建設機械を作動する範囲を、原則として作業場内としなければならない。やむを得ず作業場外で使用する場合には、作業範囲内への立入りを制限する等の措置を講じなければならない。
3　施工者は、建設機械を使用する場合には、作業範囲、作業条件を十分考慮のうえ、建設機械が転倒しないように、その地盤の水平度、支持耐力を調整するなどの措置を講じなければならない。特に、高い支柱等のある建設機械は、地盤の傾斜角に応じて転倒の危険性が高まるので、常に水平に近い状態で使用できる環境を整えるとともに、作業の開始前後及び作業中において傾斜計測するなど、必要な措置を講じなければならない。
4　施工者は、建設機械の移動及び作業時には、あらかじめ作業規則を定め、工事関係者に周知徹底を図るとともに、路肩、傾斜地等で作業を行う場合や後退時等には転倒や転落を防止するため、交通誘導警備員を配置し、その者に誘導させなければならない。また、公道における架空線等上空施設の損傷事故を回避するため、現場の出入り口等に高さ制限装置を設置する等により、アームや荷台・ブームの下げ忘れの防止に努めなければならない。

第37　架線、構造物等に近接した作業

1　施工者は、架線、構造物等若しくは作業場の境界に近接して、又はやむを得ず作業場の外に出て建設機械を操作する場合においては、接触のおそれがある物件の位置が明確に分かるようマーキング等を行った上で、歯止めの設置、ブームの回転に対するストッパーの使用、近接電線に対する絶縁材の装着、交通誘導警備員の配置等必要な措置を講じるとともに作業員等に確実に伝達しなければならない。
2　施工者は、特に高圧電線等の重要な架線、構造物に近接した工事を行う場合は、これらの措置に加え、センサー等によって危険性を検知する技術の活用に努めるものとする。

第38　無人航空機による操作

1　発注者及び施工者は、無人航空機（ドローン等）を使用する場合においては、第36（建設機械の使用及び移動）の規定のほか、次の各号に掲げる措置を講じなければならない。
　一　原則として、飛行する空域の土地所有者からあらかじめ許可を得ること。
　二　航空法第132条で定める飛行の禁止空域を飛行する場合は、あらかじめ国土交通大臣の許可を得ること。
　三　航空法第132条の2で定める飛行の方法を守ること。ただし、周囲の状況等によりやむを得ず、これらの方法によらずに飛行させようとする場合には、安全面の措置を講じた上で、あらかじめ国土交通大臣の承認を受けること。
　四　飛行前には、安全に飛行できる気象状態であること、機体に故障等が無いこと、電源や燃料が十分であることを確認しなければならない。

第39　建設機械の休止

1　施工者は、可動式の建設機械を休止させておく場合には、傾斜のない堅固な地盤の上に置くとともに、運転者の当然行うべき措置を講ずるほか、次の各号に掲げる措置を講じなければならない。

一　ブームを有する建設機械については、そのブームを最も安定した位置に固定するとともに、そのブームに自重以外の荷重がかからないようにすること。

二　ウインチ等のワイヤー、フック等の吊り下げ部分については、それらの吊り下げ部分を固定し、ワイヤーに適度の張りをもたせておくこと。

三　ブルドーザー等の排土板等については、地面又は堅固な台上に定着させておくこと。

四　車輪又は履帯を有する建設機械については、歯止め等を適切な箇所に施し、逸走防止に努めること。

第40　建設機械の点検、維持管理

1　施工者は、建設機械の維持管理に当たっては、各部分の異常の有無について定期的に自主検査を行い、その結果を記録しておかなければならない。なお、持込み建設機械を使用する場合は、公衆災害防止の観点から、必要な点検整備がなされた建設機械であることを確認すること。また、施工者は、建設機械の運転等が、法で定められた資格を有し、かつ、指名を受けた者により、定められた手順に従って行われていることを確認しなければならない。

2　施工者は、建設機械の安全装置が十分に機能を発揮できるように、常に点検及び整備をしておくとともに、安全装置を切って、建設機械を使用してはならない。

第41　移動式クレーン

1　施工者は、移動式クレーンを使用する場合には、作業範囲、作業条件を考慮して、安定度、接地圧、アウトリガー反力等の検討及び確認を行い、適切な作業地盤の上で使用しなければならない。

第5章　解体工事

第42　解体建築物に関する資料の提供

1　発注者は、解体対象建築物の設計図書（構造図、構造計算書、設備図を含む）、増改築記録、メンテナンスや点検の記録等の情報を可能な限り施工者に提供しなければならない。

2　施工者は発注者より提供された情報及び現地確認に基づき、施工計画の作成及び工事を適切に行わなければならない。

第43　構造的に自立していない部分の解体

1　施工者は、建築物の外周部が張り出している構造の建築物及びカーテンウォール等外壁が構造的に自立していない工法の建築物の解体にあたっては、工事の各段階において構造的な安定性を保つよう、工法の選択、施工計画の作成及び工事の実施について特に細心の注意を払わなければならない。

第44 構造的に異なる部分の解体

1 施工者は、鉄骨造、鉄筋コンクリート造、プレキャストコンクリート造等の異なる構造の接合部、増改築部分と既存部分の接合部等の解体については、特に接合部の強度等に十分考慮しなければならない。

第45 危険物の解体

1 施工者は、解体工事時にガスバーナ等を用いてオイルタンクやアスファルト防水層に近接した部材を切断する等、爆発や火災発生の危険性がある場合には、事前に所轄の消防署へ連絡し、適切な措置を講じなければならない。

第6章 土工事

第46 掘削方法の選定等

1 施工者は、地盤の掘削においては、掘削の深さ、掘削を行う期間、地盤性状、敷地及び周辺地域の環境条件等を総合的に勘案した上で、関係法令等の定めるところにより、山留めの必要性の有無並びにその形式及び掘削方法を決定し、安全かつ確実に工事が施工できるようにしなければならない。また、山留めを採用する場合には、日本建築学会「山留め設計指針」「山留め設計施工指針」、日本道路協会「道路土工 仮設構造物工指針」、土木学会「トンネル標準示方書」に従い、施工期間中における降雨等による条件の悪化を考慮して設計及び施工を行わなければならない。

2 施工者は、地盤が不安定で掘削に際して施工が困難であり、又は掘削が周辺地盤及び構造物に影響を及ぼすおそれのある場合には、発注者と協議の上、薬液注入工法、地下水位低下工法、地盤改良工法等の適切な補助工法を用い、地盤の安定を図らなければならない。

第47 地下水対策

1 施工者は、掘削箇所内に多量の湧水又は漏水があり、土砂の流出、地盤のゆるみ等が生ずるおそれのある場合には、発注者と協議の上、地下水位低下工法、止水工法等を採用し、安全の確保に努めなければならない。

2 施工者は、地下水位低下工法を用いる場合には、水位低下による周辺の井戸、公共用水域等への影響並びに周辺地盤、構造物、地下埋設物等の沈下に与える影響を十分検討、把握した上で行わなければならない。

　揚水中は、揚水設備の保守管理を十分に行うとともに、揚水量、地下水位、地盤沈下量等を測定し、異常が生じた場合には、直ちに関係機関への連絡を行うとともに、必要な措置を講じなければならない。

3 施工者は、揚水の排水に当たっては、排水方法及び排水経路の確認を行い、当該下水道及び河川の管理者等に届出を行い、かつ、土粒子を含む水は、沈砂、ろ過施設等を経て放流しなければならない。

第48 地盤アンカー

1 発注者及び施工者は、地盤アンカーの先端が敷地境界の外に出る場合には、敷地所有者又は管理者の許可を得なければならない。

第49　山留め管理

1　施工者は、山留めを設置している間は、常時点検を行い、山留め部材の変形、その緊結部のゆるみ、掘削底面からの湧水、盤ぶくれ等の早期発見に努力し、事故防止に努めなければならない。
2　施工者は、常時点検を行ったうえで、必要に応じて、測定計器を使用して、山留めに作用する土圧、山留め壁の変位等を測定し、定期的に地下水位、地盤の沈下又は移動を観測・記録するものとする。地盤の隆起、沈下等異常が認められたときは、作業を中止し、埋設物の管理者等に連絡し、原因の調査及び保全上の措置を講ずるとともに、その旨を発注者その他関係者に通知しなければならない。

第50　埋戻し

1　施工者は、親杭、鋼矢板等の引抜き箇所の埋戻しを行うに当たっては、地盤沈下を生じさせないよう、十分注意して埋め戻さなければならない。
2　施工者は、埋戻しを行うに当たっては、良質の砂等を用いた水締め、貧配合モルタル注入等の方法により、適切に行わなければならない。

第51　地盤改良工事

1　施工者は、地盤改良工法を用いる場合には、土質改良添加剤の運搬及び保管並びに地盤への投入及び混合に際しては、周辺への飛散、流出等により、周辺環境を損なうことのないようシートや覆土等の処置を講じなければならない。
2　施工者は、危険物に指定される土質改良添加剤を用いる場合には、公衆へ迷惑を及ぼすことのないよう、関係法令等の定めるところにより必要な手続きを取らなければならない。
3　施工者は、地盤改良工事に当たっては、近接地盤の隆起や側方変位を測定し、周辺に危害を及ぼすような地盤の異常が認められた場合は、作業を中止し、発注者と協議の上、原因の調査及び保全上の措置を講じなければならない。

第52　地下工事

1　施工者は、地下工事工法の選定に当たっては、第5（施工計画及び工法選定における危険性の除去と施工前の事前評価）の規定に加え、周辺地盤の沈下及び周辺地域の地下水に係わる影響について検討しなければならない。また、工事中は、定期的に地盤変位等を観測し、異常が認められた場合は、地盤改良工法等の適切な措置を講じなければならない。

建設副産物適正処理推進要綱

$$\left(\begin{array}{l}\text{平成 5 年 1 月12日　建設省経建発第 3 号}\\\text{最終改正　平成14年 5 月30日　国官総}\\\text{第122号・国総事第21号・国総建第137号}\end{array}\right)$$

第1章　総則

第1　目的

　この要綱は，建設工事の副産物である建設発生土と建設廃棄物の適正な処理等に係る総合的な対策を発注者及び施工者が適切に実施するために必要な基準を示し，もって建設工事の円滑な施工の確保，資源の有効な利用の促進及び生活環境の保全を図ることを目的とする。

第2　適用範囲

　この要綱は，建設副産物が発生する建設工事に適用する。

第3　用語の定義

　この要綱に掲げる用語の意義は，次に定めるところによる。
(1)　「建設副産物」とは，建設工事に伴い副次的に得られた物品をいう。
(2)　「建設発生土」とは，建設工事に伴い副次的に得られた土砂（浚渫土を含む。）をいう。
(3)　「建設廃棄物」とは，建設副産物のうち廃棄物（廃棄物の処理及び清掃に関する法律（昭和45年法律第137号。以下「廃棄物処理法」という。）第2条第1項に規定する廃棄物をいう。以下同じ。）に該当するものをいう。
(4)　「建設資材」とは，土木建築に関する工事（以下「建設工事」という。）に使用する資材をいう。
(5)　「建設資材廃棄物」とは，建設資材が廃棄物となったものをいう。
(6)　「分別解体等」とは，次の各号に掲げる工事の種別に応じ，それぞれ当該各号に定める行為をいう。
　　一　建築物その他の工作物（以下「建築物等」という。）の全部又は一部を解体する建設工事（以下「解体工事」という。）においては，建築物等に用いられた建設資材に係る建設資材廃棄物をその種類ごとに分別しつつ当該工事を計画的に施工する行為
　　二　建築物等の新築その他の解体工事以外の建設工事（以下「新築工事等」という。）においては，当該工事に伴い副次的に生ずる建設資材廃棄物をその種類ごとに分別しつつ当該工事を施工する行為
(7)　「再使用」とは，次に掲げる行為をいう。
　　一　建設副産物のうち有用なものを製品としてそのまま使用すること（修理を行ってこれを使用することを含む。）。
　　二　建設副産物のうち有用なものを部品その他製品の一部として使用すること。

⑻ 「再生利用」とは，建設廃棄物を資材又は原材料として利用することをいう。

⑼ 「熱回収」とは，建設廃棄物であって，燃焼の用に供することができるもの又はその可能性のあるものを熱を得ることに利用することをいう。

⑽ 「再資源化」とは，次に掲げる行為であって，建設廃棄物の運搬又は処分（再生することを含む。）に該当するものをいう。

　一　建設廃棄物について，資材又は原材料として利用すること（建設廃棄物をそのまま用いることを除く。）ができる状態にする行為

　二　建設廃棄物であって燃焼の用に供することができるもの又はその可能性のあるものについて，熱を得ることに利用することができる状態にする行為

⑾ 「縮減」とは，焼却，脱水，圧縮その他の方法により建設副産物の大きさを減ずる行為をいう。

⑿ 「再資源化等」とは，再資源化及び縮減をいう。

⒀ 「特定建設資材」とは，建設資材のうち，建設工事に係る資材の再資源化等に関する法律施行令（平成12年政令第495号。以下「建設リサイクル法施行令」という。）で定められた以下のものをいう。

　一　コンクリート

　二　コンクリート及び鉄から成る建設資材

　三　木材

　四　アスファルト・コンクリート

⒁ 「特定建設資材廃棄物」とは，特定建設資材が廃棄物となったものをいう。

⒂ 「指定建設資材廃棄物」とは，特定建設資材廃棄物で再資源化に一定の施設を必要とするもののうち建設リサイクル法施行令で定められた以下のものをいう。
　木材が廃棄物となったもの

⒃ 「対象建設工事」とは，特定建設資材を用いた建築物等に係る解体工事又はその施工に特定建設資材を使用する新築工事等であって，その規模が建設リサイクル法施行令又は都道府県が条例で定める建設工事の規模に関する基準以上のものをいう。

⒄ 「建設副産物対策」とは，建設副産物の発生の抑制並びに分別解体等，再使用，再資源化等，適正な処理及び再資源化されたものの利用の推進を総称していう。

⒅ 「再生資源利用計画」とは，建設資材を搬入する建設工事において，資源の有効な利用の促進に関する法律（平成12年法律第113号。以下「資源有効利用促進法」という。）に規定する再生資源を建設資材として利用するための計画をいう。

⒆ 「再生資源利用促進計画」とは，資源有効利用促進法に規定する指定副産物を工事現場から搬出する建設工事において，指定副産物の再利用を促進するための計画をいう。

⒇ 「発注者」とは，建設工事（他の者から請け負ったものを除く。）の注文者をいう。

(21) 「元請業者」とは，発注者から直接建設工事を請け負った建設業を営む者をいう。

(22) 「下請負人」とは，建設工事を他のものから請け負った建設業を営む者と他の建設業を営む者との間で当該建設工事について締結される下請契約における請負人をいう。

(23) 「自主施工者」とは，建設工事を請負契約によらないで自ら施工する者をいう。

(24) 「施工者」とは，建設工事の施工を行う者であって，元請業者，下請負人及び自主施工者をいう。

⑵5 「建設業者」とは，建設業法（昭和24年法律第100号）第2条第3項の国土交通
大臣又は都道府県知事の許可を受けて建設業を営む者をいう。
⑵6 「解体工事業者」とは，建設工事に係る資材の再資源化等に関する法律（平成
12年法律第104号。以下「建設リサイクル法」という。）第21条第1項の都道府県
知事の登録を受けて建設業のうち建築物等を除去するための解体工事を行う営業
（その請け負った解体工事を他の者に請け負わせて営むものを含む。）を営む者を
いう。
⑵7 「資材納入業者」とは，建設資材メーカー，建設資材販売業者及び建設資材運
搬業者を総称していう。

第4　基本方針

　発注者及び施工者は，次の基本方針により，適切な役割分担の下に建設副産物に
係る総合的対策を適切に実施しなければならない。
(1)　建設副産物の発生の抑制に努めること。
(2)　建設副産物のうち，再使用をすることができるものについては，再使用に努め
ること。
(3)　対象建設工事から発生する特定建設資材廃棄物のうち，再使用がされないもの
であって再生利用をすることができるものについては，再生利用を行うこと。
　　また，対象建設工事から発生する特定建設資材廃棄物のうち，再使用及び再生
利用がされないものであって熱回収をすることができるものについては，熱回収
を行うこと。
(4)　その他の建設副産物についても，再使用がされないものは再生利用に努め，再
使用及び再生利用がされないものは熱回収に努めること。
(5)　建設副産物のうち，前3号の規定による循環的な利用が行われないものについ
ては，適正に処分すること。なお，処分に当たっては，縮減することができるも
のについては縮減に努めること。

第2章　関係者の責務と役割

第5　発注者の責務と役割

(1)　発注者は，建設副産物の発生の抑制並びに分別解体等，建設廃棄物の再資源化
等及び適正な処理の促進が図られるような建設工事の計画及び設計に努めなけれ
ばならない。
　　発注者は，発注に当たっては，元請業者に対して，適切な費用を負担するとと
もに，実施に関しての明確な指示を行うこと等を通じて，建設副産物の発生の抑
制並びに分別解体等，建設廃棄物の再資源化等及び適正な処理の促進に努めなけ
ればならない。
(2)　また，公共工事の発注者にあっては，リサイクル原則化ルールや建設リサイク
ルガイドラインの適用に努めなければならない。

第6　元請業者及び自主施工者の責務と役割

(1)　元請業者は，建築物等の設計及びこれに用いる建設資材の選択，建設工事の施
工方法等の工夫，施工技術の開発等により，建設副産物の発生を抑制するよう努
めるとともに，分別解体等，建設廃棄物の再資源化等及び適正な処理の実施を容

易にし，それに要する費用を低減するよう努めなければならない。

　自主施工者は，建築物等の設計及びこれに用いる建設資材の選択，建設工事の施工方法等の工夫，施工技術の開発等により，建設副産物の発生を抑制するよう努めるとともに，分別解体等の実施を容易にし，それに要する費用を低減するよう努めなければならない。

(2)　元請業者は，分別解体等を適正に実施するとともに，排出事業者として建設廃棄物の再資源化等及び処理を適正に実施するよう努めなければならない。

　自主施工者は，分別解体等を適正に実施するよう努めなければならない。

(3)　元請業者は，建設副産物の発生の抑制並びに分別解体等，建設廃棄物の再資源化等及び適正な処理の促進に関し，中心的な役割を担っていることを認識し，発注者との連絡調整，管理及び施工体制の整備を行わなければならない。

　また，建設副産物対策を適切に実施するため，工事現場における責任者を明確にすることによって，現場担当者，下請負人及び産業廃棄物処理業者に対し，建設副産物の発生の抑制並びに分別解体等，建設廃棄物の再資源化等及び適正な処理の実施についての明確な指示及び指導等を責任をもって行うとともに，分別解体等についての計画，再生資源利用計画，再生資源利用促進計画，廃棄物処理計画等の内容について教育，周知徹底に努めなければならない。

(4)　元請業者は，工事現場の責任者に対する指導並びに職員，下請負人，資材納入業者及び産業廃棄物処理業者に対する建設副産物対策に関する意識の啓発等のため，社内管理体制の整備に努めなければならない。

第7　下請負人の責務と役割

　下請負人は，建設副産物対策に自ら積極的に取り組むよう努めるとともに，元請業者の指示及び指導等に従わなければならない。

第8　その他の関係者の責務と役割

(1)　建設資材の製造に携わる者は，端材の発生が抑制される建設資材の開発及び製造，建設資材として使用される際の材質，品質等の表示，有害物質等を含む素材等分別解体等及び建設資材廃棄物の再資源化等が困難となる素材を使用しないよう努めること等により，建設資材廃棄物の発生の抑制並びに分別解体等，建設資材廃棄物の再資源化等及び適正な処理の実施が容易となるよう努めなければならない。

　建設資材の販売又は運搬に携わる者は建設副産物対策に取り組むよう努めなければならない。

(2)　建築物等の設計に携わる者は，分別解体等の実施が容易となる設計，建設廃棄物の再資源化等の実施が容易となる建設資材の選択など設計時における工夫により，建設副産物の発生の抑制並びに分別解体等，建設廃棄物の再資源化等及び適正な処理の実施が効果的に行われるようにするほか，これらに要する費用の低減に努めなければならない。

　なお，建設資材の選択に当たっては，有害物質等を含む建設資材等建設資材廃棄物の再資源化が困難となる建設資材を選択しないよう努めなければならない。

(3)　建設廃棄物の処理を行う者は，建設廃棄物の再資源化等を適正に実施するとともに，再資源化等がなされないものについては適正に処分をしなければならない。

第3章　計画の作成等

第9　工事全体の手順

対象建設工事は，以下のような手順で実施しなければならない。

また，対象建設工事以外の工事については，五の事前届出は不要であるが，それ以外の事項については実施に努めなければならない。

一　事前調査の実施

　　建設工事を発注しようとする者から直接受注しようとする者及び自主施工者は，対象建築物等及びその周辺の状況，作業場所の状況，搬出経路の状況，残存物品の有無，付着物の有無等の調査を行う。

二　分別解体等の計画の作成

　　建設工事を発注しようとする者から直接受注しようとする者及び自主施工者は，事前調査に基づき，分別解体等の計画を作成する。

三　発注者への説明

　　建設工事を発注しようとする者から直接受注しようとする者は，発注しようとする者に対し分別解体等の計画等について書面を交付して説明する。

四　発注及び契約

　　建設工事の発注者及び元請業者は，工事の契約に際して，建設業法で定められたもののほか，分別解体等の方法，解体工事に要する費用，再資源化等をするための施設の名称及び所在地並びに再資源化等に要する費用を書面に記載し，署名又は記名押印して相互に交付する。

五　事前届出

　　発注者又は自主施工者は，工事着手の7日前までに，分別解体等の計画等について，都道府県知事又は建設リサイクル法施行令で定められた市区町村長に届け出る。

六　下請負人への告知

　　受注者は，その請け負った建設工事を他の建設業を営む者に請け負わせようとするときは，その者に対し，その工事について発注者から都道府県知事又は建設リサイクル法施行令で定められた市区町村長に対して届け出られた事項を告げる。

七　下請契約

　　建設工事の下請契約の当事者は，工事の契約に際して，建設業法で定められたもののほか，分別解体等の方法，解体工事に要する費用，再資源化等をするための施設の名称及び所在地並びに再資源化等に要する費用を書面に記載し，署名又は記名押印して相互に交付する。

八　施工計画の作成

　　元請業者は，施工計画の作成に当たっては，再生資源利用計画，再生資源利用促進計画及び廃棄物処理計画等を作成する。

九　工事着手前に講じる措置の実施

　　施工者は，分別解体等の計画に従い，作業場所及び搬出経路の確保，残存物品の搬出の確認，付着物の除去等の措置を講じる。

十　工事の施工

　　施工者は，分別解体等の計画に基づいて，次のような手順で分別解体等を実施する。

建築物の解体工事においては，建築設備及び内装材等の取り外し，屋根ふき材の取り外し，外装材及び上部構造部分の取り壊し，基礎及び基礎ぐいの取り壊しの順に実施。

　建築物以外のものの解体工事においては，さく等の工作物に付属する物の取り外し，工作物の本体部分の取り壊し，基礎及び基礎ぐいの取り壊しの順に実施。

　新築工事等においては，建設資材廃棄物を分別しつつ工事を実施。

十一　再資源化等の実施

　元請業者は，分別解体等に伴って生じた特定建設資材廃棄物について，再資源化等を行うとともに，その他の廃棄物についても，可能な限り再資源化等に努め，再資源化等が困難なものは適正に処分を行う。

十二　発注者への完了報告

　元請業者は，再資源化等が完了した旨を発注者へ書面で報告するとともに，再資源化等の実施状況に関する記録を作成し，保存する。

第10　事前調査の実施

　建設工事を発注しようとする者から直接受注しようとする者及び自主施工者は，対象建設工事の実施に当たっては，施工に先立ち，以下の調査を行わなければならない。

　また，対象建設工事以外の工事においても，施工に先立ち，以下の調査の実施に努めなければならない。

一　工事に係る建築物等（以下「対象建築物等」という。）及びその周辺の状況に関する調査

二　分別解体等をするために必要な作業を行う場所（以下「作業場所」という。）に関する調査

三　工事の現場からの特定建設資材廃棄物その他の物の搬出の経路（以下「搬出経路」という。）に関する調査

四　残存物品（解体する建築物の敷地内に存する物品で，当該建築物に用いられた建設資材に係る建設資材廃棄物以外のものをいう。以下同じ。）の有無の調査

五　吹付け石綿その他の対象建築物等に用いられた特定建設資材に付着したもの（以下「付着物」という。）の有無の調査

六　その他対象建築物等に関する調査

第11　元請業者による分別解体等の計画の作成

（1）計画の作成

　建設工事を発注しようとする者から直接受注しようとする者及び自主施工者は，対象建設工事においては，第10の事前調査の結果に基づき，建設副産物の発生の抑制並びに建設廃棄物の再資源化等の促進及び適正処理が計画的かつ効率的に行われるよう，適切な分別解体等の計画を作成しなければならない。

　また，対象建設工事以外の工事においても，建設副産物の発生の抑制並びに建設廃棄物の再資源化等の促進及び適正処理が計画的かつ効率的に行われるよう，適切な分別解体等の計画を作成するよう努めなければならない。

　分別解体等の計画においては，以下のそれぞれの工事の種類に応じて，特定建設資材に係る分別解体等に関する省令（平成14年国土交通省令第17号。以下「分

別解体等省令」という。）第2条第2項で定められた様式第一号別表に掲げる事項のうち分別解体等の計画に関する以下の事項を記載しなければならない。

建築物に係る解体工事である場合（別表1）

一　事前調査の結果

二　工事着手前に実施する措置の内容

三　工事の工程の順序並びに当該工程ごとの作業内容及び分別解体等の方法並びに当該順序が省令で定められた順序により難い場合にあってはその理由

四　対象建築物に用いられた特定建設資材に係る特定建設資材廃棄物の種類ごとの量の見込み及びその発生が見込まれる対象建築物の部分

五　その他分別解体等の適正な実施を確保するための措置に関する事項

建築物に係る新築工事等（新築・増築・修繕・模様替）である場合（別表2）

一　事前調査の結果

二　工事着手前に実施する措置の内容

三　工事の工程ごとの作業内容

四　工事に伴い副次的に生ずる特定建設資材廃棄物の種類ごとの量の見込み並びに工事の施工において特定建設資材が使用される対象建築物の部分及び特定建設資材廃棄物の発生が見込まれる対象建築物の部分

五　その他分別解体等の適正な実施を確保するための措置に関する事項

建築物以外のものに係る解体工事又は新築工事等（土木工事等）である場合（別表3）

解体工事においては,

一　工事の種類

二　事前調査の結果

三　工事着手前に実施する措置の内容

四　工事の工程の順序並びに当該工程ごとの作業内容及び分別解体等の方法並びに当該順序が省令で定められた順序により難い場合にあってはその理由

五　対象工作物に用いられた特定建設資材に係る特定建設資材廃棄物の種類ごとの量の見込み及びその発生が見込まれる対象工作物の部分

六　その他分別解体等の適正な実施を確保するための措置に関する事項

新築工事等においては,

一　工事の種類

二　事前調査の結果

三　工事着手前に実施する措置の内容

四　工事の工程ごとの作業内容

五　工事に伴い副次的に生ずる特定建設資材廃棄物の種類ごとの量の見込み並びに工事の施工において特定建設資材が使用される対象工作物の部分及び特定建設資材廃棄物の発生が見込まれる対象工作物の部分

六　その他分別解体等の適正な実施を確保するための措置に関する事項

(2)　発注者への説明

対象建設工事を発注しようとする者から直接受注しようとする者は,発注しようとする者に対し,少なくとも以下の事項について,これらの事項を記載した書面を交付して説明しなければならない。

また,対象建設工事以外の工事においても,これに準じて行うよう努めなければならない。

一　解体工事である場合においては,解体する建築物等の構造

二　新築工事等である場合においては，使用する特定建設資材の種類
　　三　工事着手の時期及び工程の概要
　　四　分別解体等の計画
　　五　解体工事である場合においては，解体する建築物等に用いられた建設資材の
　　　量の見込み
　(3)　公共工事発注者による指導
　　　公共工事の発注者にあっては，建設リサイクルガイドラインに基づく計画の作
　　成等に関し，元請業者を指導するよう努めなければならない。

第12　工事の発注及び契約

　(1)　発注者による条件明示等
　　　発注者は，建設工事の発注に当たっては，建設副産物対策の条件を明示すると
　　ともに，分別解体等及び建設廃棄物の再資源化等に必要な経費を計上しなければ
　　ならない。なお，現場条件等に変更が生じた場合には，設計変更等により適切に
　　対処しなければならない
　(2)　契約書面の記載事項
　　　対象建設工事の請負契約（下請契約を含む。）の当事者は，工事の契約において，
　　建設業法で定められたもののほか，以下の事項を書面に記載し，署名又は記名押
　　印をして相互に交付しなければならない。
　　一　分別解体等の方法
　　二　解体工事に要する費用
　　三　再資源化等をするための施設の名称及び所在地
　　四　再資源化等に要する費用
　　　また，対象建設工事以外の工事においても，請負契約（下請契約を含む。）の
　　当事者は，工事の契約において，建設業法で定められたものについて書面に記載
　　するとともに，署名又は記名押印をして相互に交付しなければならない。また，
　　上記の一から四の事項についても，書面に記載するよう努めなければならない。
　(3)　解体工事の下請契約と建設廃棄物の処理委託契約
　　　元請業者は，解体工事を請け負わせ，建設廃棄物の収集運搬及び処分を委託す
　　る場合には，それぞれ個別に直接契約をしなければならない。

第13　工事着手前に行うべき事項

　(1)　発注者又は自主施工者による届出等
　　　対象建設工事の発注者又は自主施工者は，工事に着手する日の7日前までに，
　　分別解体等の計画等について，別記様式（分別解体等省令第2条第2項で定めら
　　れた様式第一号）による届出書により都道府県知事又は建設リサイクル法施行令
　　で定められた市区町村長に届け出なければならない。
　　　国の機関又は地方公共団体が上記の規定により届出を要する行為をしようとす
　　るときは，あらかじめ，都道府県知事又は建設リサイクル法施行令で定められた
　　市区町村長にその旨を通知しなければならない。
　(2)　受注者からその下請負人への告知
　　　対象建設工事の受注者は，その請け負った建設工事を他の建設業を営む者に請
　　け負わせようとするときは，当該他の建設業を営む者に対し，対象建設工事につ
　　いて発注者から都道府県知事又は建設リサイクル法施行令で定められた市区町村
　　長に対して届け出られた事項を告げなければならない。

(3) 元請業者による施工計画の作成

　　元請業者は，工事請負契約に基づき，建設副産物の発生の抑制，再資源化等の促進及び適正処理が計画的かつ効率的に行われるよう適切な施工計画を作成しなければならない。施工計画の作成に当たっては，再生資源利用計画及び再生資源利用促進計画を作成するとともに，廃棄物処理計画の作成に努めなければならない。

　　自主施工者は，建設副産物の発生の抑制が計画的かつ効率的に行われるよう適切な施工計画を作成しなければならない。施工計画の作成に当たっては，再生資源利用計画の作成に努めなければならない。

(4) 事前措置

　　対象建設工事の施工者は，分別解体等の計画に従い，作業場所及び搬出経路の確保を行わなければならない。

　　また，対象建設工事以外の工事の施工者も，作業場所及び搬出経路の確保に努めなければならない。

　　発注者は，家具，家電製品等の残存物品を解体工事に先立ち適正に処理しなければならない。

第14　工事現場の管理体制

(1) 建設業者の主任技術者等の設置

　　建設業者は，工事現場における建設工事の施工の技術上の管理をつかさどる者で建設業法及び建設業法施行規則（昭和24年建設省令第14号）で定められた基準に適合する者（以下「主任技術者等」という。）を置かなければならない。

(2) 解体工事業者の技術管理者の設置

　　解体工事業者は，工事現場における解体工事の施工の技術上の管理をつかさどる者で解体工事業に係る登録等に関する省令（平成13年国土交通省令第92号。以下「解体工事業者登録省令」という。）で定められた基準に適合するもの（以下「技術管理者」という。）を置かなければならない。

(3) 公共工事の発注者にあっては，工事ごとに建設副産物対策の責任者を明確にし，発注者の明示した条件に基づく工事の実施等，建設副産物対策が適切に実施されるよう指導しなければならない。

(4) 標識の掲示

　　建設業者及び解体工事業者は，その店舗または営業所及び工事現場ごとに，建設業法施行規則及び解体工事業者登録省令で定められた事項を記載した標識を掲げなければならない。

(5) 帳簿の記載

　　建設業者及び解体工事業者は，その営業所ごとに帳簿を備え，その営業に関する事項で建設業法施行規則及び解体工事業者登録省令で定められたものを記載し，これを保存しなければならない。

第15　工事完了後に行うべき事項

(1) 完了報告

　　対象建設工事の元請業者は，当該工事に係る特定建設資材廃棄物の再資源化等が完了したときは，以下の事項を発注者へ書面で報告するとともに，再資源化等の実施状況に関する記録を作成し，保存しなければならない。

一　再資源化等が完了した年月日

二　再資源化等をした施設の名称及び所在地

三　再資源化等に要した費用

　　また，対象建設工事以外においても，元請業者は，上記の一から三の事項を発注者へ書面で報告するとともに，再資源化等の実施状況に関する記録を作成し，保存するよう努めなければならない。

(2)　記録の保管

　　元請業者は，建設工事の完成後，速やかに再生資源利用計画及び再生資源利用促進計画の実施状況を把握するとともに，それらの記録を1年間保管しなければならない。

第4章　建設発生土

第16　搬出の抑制及び工事間の利用の促進

(1)　搬出の抑制

　　発注者，元請業者及び自主施工者は，建設工事の施工に当たり，適切な工法の選択等により，建設発生土の発生の抑制に努めるとともに，その現場内利用の促進等により搬出の抑制に努めなければならない。

(2)　工事間の利用の促進

　　発注者，元請業者及び自主施工者は，建設発生土の土質確認を行うとともに，建設発生土を必要とする他の工事現場との情報交換システム等を活用した連絡調整，ストックヤードの確保，再資源化施設の活用，必要に応じて土質改良を行うこと等により，工事間の利用の促進に努めなければならない。

第17　工事現場等における分別及び保管

　　元請業者及び自主施工者は，建設発生土の搬出に当たっては，建設廃棄物が混入しないよう分別に努めなければならない。重金属等で汚染されている建設発生土等については，特に適切に取り扱わなければならない。

　　また，建設発生土をストックヤードで保管する場合には，建設廃棄物の混入を防止するため必要な措置を講じるとともに，公衆災害の防止を含め周辺の生活環境に影響を及ぼさないよう努めなければならない。

第18　運搬

　　元請業者及び自主施工者は，次の事項に留意し，建設発生土を運搬しなければならない。

(1)　運搬経路の適切な設定並びに車両及び積載量等の適切な管理により，騒音，振動，塵埃等の防止に努めるとともに，安全な運搬に必要な措置を講じること。

(2)　運搬途中において一時仮置きを行う場合には，関係者等と打合せを行い，環境保全に留意すること。

(3)　海上運搬をする場合は，周辺海域の利用状況等を考慮して適切に経路を設定するとともに，運搬中は環境保全に必要な措置を講じること。

第19　受入地での埋立及び盛土

　　発注者，元請業者及び自主施工者は，建設発生土の工事間利用ができず，受入地において埋め立てる場合には，関係法令に基づく必要な手続のほか，受入地の関係

者と打合せを行い，建設発生土の崩壊や降雨による流出等により公衆災害が生じないよう適切な措置を講じなければならない。重金属等で汚染されている建設発生土等については，特に適切に取り扱わなければならない。

　また，海上埋立地において埋め立てる場合には，上記のほか，周辺海域への環境影響が生じないよう余水吐き等の適切な汚濁防止の措置を講じなければならない。

第5章　建設廃棄物

第20　分別解体等の実施

　対象建設工事の施工者は，以下の事項を行わなければならない。

　また，対象建設工事以外の工事においても，施工者は以下の事項を行うよう努めなければならない。

(1)　事前措置の実施

　　分別解体等の計画に従い，残存物品の搬出の確認を行うとともに，特定建設資材に係る分別解体等の適正な実施を確保するために，付着物の除去その他の措置を講じること。

(2)　分別解体等の実施

　　正当な理由がある場合を除き，以下に示す特定建設資材廃棄物をその種類ごとに分別することを確保するための適切な施工方法に関する基準に従い，分別解体を行うこと。

　　建築物の解体工事の場合

一　建築設備，内装材その他の建築物の部分（屋根ふき材，外装材及び構造耐力上主要な部分を除く。）の取り外し

二　屋根ふき材の取り外し

三　外装材並びに構造耐力上主要な部分のうち基礎及び基礎ぐいを除いたものの取り壊し

四　基礎及び基礎ぐいの取り壊し

　　ただし，建築物の構造上その他解体工事の施工の技術上これにより難い場合は，この限りでない。

　　工作物の解体工事の場合

一　さく，照明設備，標識その他の工作物に附属する物の取り外し

二　工作物のうち基礎以外の部分の取り壊し

三　基礎及び基礎ぐいの取り壊し

　　ただし，工作物の構造上その他解体工事の施工の技術上これにより難い場合は，この限りでない。

　　新築工事等の場合

　　工事に伴い発生する端材等の建設資材廃棄物をその種類ごとに分別しつつ工事を施工すること。

(3)　元請業者及び下請負人は，解体工事及び新築工事等において，再生資源利用促進計画，廃棄物処理計画等に基づき，以下の事項に留意し，工事現場等において分別を行わなければならない。

一　工事の施工に当たり，粉じんの飛散等により周辺環境に影響を及ぼさないよう適切な措置を講じること。

二　一般廃棄物は，産業廃棄物と分別すること。

三　特定建設資材廃棄物は確実に分別すること。
　　四　特別管理産業廃棄物及び再資源化できる産業廃棄物の分別を行うとともに，
　　　安定型産業廃棄物とそれ以外の産業廃棄物との分別に努めること。
　　五　再資源化が可能な産業廃棄物については，再資源化施設の受入条件を勘案の
　　　上，破砕等を行い，分別すること。
　(4)　自主施工者は，解体工事及び新築工事等において，以下の事項に留意し，工事
　　現場等において分別を行わなければならない。
　　一　工事の施工に当たり，粉じんの飛散等により周辺環境に影響を及ぼさないよ
　　　う適切な措置を講じること。
　　二　特定建設資材廃棄物は確実に分別すること。
　　三　特別管理一般廃棄物の分別を行うともに，再資源化できる一般廃棄物の分別
　　　に努めること。
　(5)　現場保管
　　施工者は，建設廃棄物の現場内保管に当たっては，周辺の生活環境に影響を及
　ぼさないよう廃棄物処理法に規定する保管基準に従うとともに，分別した廃棄物
　の種類ごとに保管しなければならない。

第21　排出の抑制

　　発注者，元請業者及び下請負人は，建設工事の施工に当たっては，資材納入業者
　の協力を得て建設廃棄物の発生の抑制を行うとともに，現場内での再使用，再資源
　化及び再資源化したものの利用並びに縮減を図り，工事現場からの建設廃棄物の排
　出の抑制に努めなければならない。
　　自主施工者は，建設工事の施工に当たっては，資材納入業者の協力を得て建設廃
　棄物の発生の抑制を行うよう努めるとともに，現場内での再使用を図り，建設廃棄
　物の排出の抑制に努めなければならない。

第22　処理の委託

　　元請業者は，建設廃棄物を自らの責任において適正に処理しなければならない。
　処理を委託する場合には，次の事項に留意し，適正に委託しなければならない。
　(1)　廃棄物処理法に規定する委託基準を遵守すること。
　(2)　運搬については産業廃棄物収集運搬業者等と，処分については産業廃棄物処分
　　業者等と，それぞれ個別に直接契約すること。
　(3)　建設廃棄物の排出に当たっては，産業廃棄物管理票（マニフェスト）を交付し，
　　最終処分（再生を含む。）が完了したことを確認すること。

第23　運搬

　　元請業者は，次の事項に留意し，建設廃棄物を運搬しなければならない。
　(1)　廃棄物処理法に規定する処理基準を遵守すること。
　(2)　運搬経路の適切な設定並びに車両及び積載量等の適切な管理により，騒音，振
　　動，塵埃等の防止に努めるとともに，安全な運搬に必要な措置を講じること。
　(3)　運搬途中において積替えを行う場合は，関係者等と打合せを行い，環境保全に
　　留意すること。
　(4)　混合廃棄物の積替保管に当たっては，手選別等により廃棄物の性状を変えない
　　こと。

第24 再資源化等の実施

(1) 対象建設工事の元請業者は，分別解体等に伴って生じた特定建設資材廃棄物について，再資源化を行わなければならない。

また，対象建設工事で生じたその他の建設廃棄物，対象建設工事以外の工事で生じた建設廃棄物についても，元請業者は，可能な限り再資源化に努めなければならない。

なお，指定建設資材廃棄物（建設発生木材）は，工事現場から最も近い再資源化のための施設までの距離が建設工事にかかる資材の再資源化等に関する法律施行規則（平成14年国土交通省・環境省令第1号）で定められた距離（50km）を越える場合，または再資源化施設までの道路が未整備の場合で縮減のための運搬に要する費用の額が再資源化のための運搬に要する費用の額より低い場合については，再資源化に代えて縮減すれば足りる。

(2) 元請業者は，現場において分別できなかった混合廃棄物については，再資源化等の推進及び適正な処理の実施のため，選別設備を有する中間処理施設の活用に努めなければならない。

第25 最終処分

元請業者は，建設廃棄物を最終処分する場合には，その種類に応じて，廃棄物処理法を遵守し，適正に埋立処分しなければならない。

第6章 建設廃棄物ごとの留意事項

第26 コンクリート塊

(1) 対象建設工事
元請業者は，分別されたコンクリート塊を破砕することなどにより，再生骨材，路盤材等として再資源化をしなければならない。
発注者及び施工者は，再資源化されたものの利用に努めなければならない。
(2) 対象建設工事以外の工事
元請業者は，分別されたコンクリート塊について，(1)のような再資源化に努めなければならない。また，発注者及び施工者は，再資源化されたものの利用に努めなければならない。

第27 アスファルト・コンクリート塊

(1) 対象建設工事
元請業者は，分別されたアスファルト・コンクリート塊を，破砕することなどにより再生骨材，路盤材等として又は破砕，加熱混合することなどにより再生加熱アスファルト混合物等として再資源化をしなければならない。
発注者及び施工者は，再資源化されたものの利用に努めなければならない。
(2) 対象建設工事以外の工事
元請業者は，分別されたアスファルト・コンクリート塊について，(1)のような再資源化に努めなければならない。また，発注者及び施工者は，再資源化されたものの利用に努めなければならない。

第28　建設発生木材

(1)　対象建設工事

　　元請業者は，分別された建設発生木材を，チップ化することなどにより，木質ボード，堆肥等の原材料として再資源化をしなければならない。また，原材料として再資源化を行うことが困難な場合などにおいては，熱回収をしなければならない。

　　なお，建設発生木材は指定建設資材廃棄物であり，第24(1)に定める場合については，再資源化に代えて縮減すれば足りる。

　　発注者及び施工者は，再資源化されたものの利用に努めなければならない

(2)　対象建設工事以外の工事

　　元請業者は，分別された建設発生木材について，(1)のような再資源化等に努めなければならない。また，発注者及び施工者は，再資源化されたものの利用に努めなければならない。

(3)　使用済型枠の再使用

　　施工者は，使用済み型枠の再使用に努めなければならない。

　　元請業者は，再使用できない使用済み型枠については，再資源化に努めるとともに，再資源化できないものについては適正に処分しなければならない。

(4)　伐採木・伐根等の取扱い

　　元請業者は，工事現場から発生する伐採木，伐根等は，再資源化等に努めるとともに，それが困難な場合には，適正に処理しなければならない。また，発注者及び施工者は，再資源化されたものの利用に努めなければならない。

(5)　CCA処理木材の適正処理

　　元請業者は，CCA処理木材について，それ以外の部分と分離・分別し，それが困難な場合には，CCAが注入されている可能性がある部分を含めてこれをすべてCCA処理木材として焼却又は埋立を適正に行わなければならない。

第29　建設汚泥

(1)　再資源化等及び利用の推進

　　元請業者は，建設汚泥の再資源化等に努めなければならない。再資源化に当たっては，廃棄物処理法に規定する再生利用環境大臣認定制度，再生利用個別指定制度等を積極的に活用するよう努めなければならない。また，発注者及び施工者は，再資源化されたものの利用に努めなければならない。

(2)　流出等の災害の防止

　　施工者は，処理又は改良された建設汚泥によって埋立又は盛土を行う場合は，建設汚泥の崩壊や降雨による流出等により公衆災害が生じないよう適切な措置を講じなければならない。

第30　廃プラスチック類

　　元請業者は，分別された廃プラスチック類を，再生プラスチック原料，燃料等として再資源化に努めなければならない。特に，建設資材として使用されている塩化ビニル管・継手等については，これらの製造に携わる者によるリサイクルの取組に，関係者はできる限り協力するよう努めなければならない。また，再資源化できないものについては，適正な方法で縮減をするよう努めなければならない。

　　発注者及び施工者は，再資源化されたものの利用に努めなければならない。

第31　廃石膏ボード等

　元請業者は，分別された廃石膏ボード，廃ロックウール化粧吸音板，廃ロックウール吸音・断熱・保温材，廃ALC板等の再資源化等に努めなければならない。再資源化に当たっては，広域再生利用環境大臣指定制度が活用される資材納入業者を活用するよう努めなけれならない。また，発注者及び施工者は，再資源化されたものの利用に努めなければならない。

　特に，廃石膏ボードは，安定型処分場で埋立処分することができないため，分別し，石膏ボード原料等として再資源化及び利用の促進に努めなければならない。また，石膏ボードの製造に携わる者による新築工事の工事現場から排出される石膏ボード端材の収集，運搬，再資源化及び利用に向けた取組に，関係者はできる限り協力するよう努めなければならない。

第32　混合廃棄物

(1)　元請業者は，混合廃棄物について，選別等を行う中間処理施設を活用し，再資源化等及び再資源化されたものの利用の促進に努めなければならない。
(2)　元請業者は，再資源化等が困難な建設廃棄物を最終処分する場合は，中間処理施設において選別し，熱しゃく減量を５％以下にするなど，安定型処分場において埋立処分できるよう努めなければならない。

第33　特別管理産業廃棄物

(1)　元請業者及び自主施工者は，解体工事を行う建築物等に用いられた飛散性アスベストの有無の調査を行わなければならない。飛散性アスベストがある場合は，分別解体等の適正な実施を確保するため，事前に除去等の措置を講じなければならない。
(2)　元請業者は，飛散性アスベスト，PCB廃棄物等の特別管理産業廃棄物に該当する廃棄物について，廃棄物処理法等に基づき，適正に処理しなければならない。

第34　特殊な廃棄物

(1)　元請業者及び自主施工者は，建設廃棄物のうち冷媒フロン使用製品，蛍光管等について，専門の廃棄物処理業者等に委託する等により適正に処理しなければならない。
(2)　施工者は，非飛散性アスベストについて，解体工事において，粉砕することによりアスベスト粉じんが飛散するおそれがあるため，解体工事の施工及び廃棄物の処理においては，粉じん飛散を起こさないような措置を講じなければならない。

建築物に係る解体工事

分別解体等の計画等

建築物の構造※	□木造　□鉄骨鉄筋コンクリート造　□鉄筋コンクリート造 □鉄骨造　□コンクリートブロック造　□その他（　　　　　　　　　）		
建築物に関する調査の結果	建築物の状況		
	周辺状況		
	作業場所の状況		
	搬出経路の状況		
	残存物品の有無		
	付着物の有無		
	その他 （　　　　　）		
工事着手前に実施する措置の内容	作業場所の確保		
	搬出経路の確保		
	残存物品の搬出の確認		
	その他 （　　　　　）		

工事着手の時期※	平成　　年　　月　　日	

工程ごとの作業内容及び解体方法	工程	作業内容	分別解体等の方法
	①建築設備・内装材等	建築設備・内装材等の取り外し　□有　□無	□　手作業 □　手作業・機械作業の併用 併用の場合の理由（　　　　　　）
	②屋根ふき材	屋根ふき材の取り外し　□有　□無	□　手作業 □　手作業・機械作業の併用 併用の場合の理由（　　　　　　）
	③外装材・上部構造部分	外装材・上部構造部分の取り壊し　□有　□無	□　手作業 □　手作業・機械作業の併用
	④基礎・基礎ぐい	基礎・基礎ぐいの取り壊し　□有　□無	□　手作業 □　手作業・機械作業の併用
	⑤その他 （　　　　　）	その他の取り壊し　□有　□無	□　手作業 □　手作業・機械作業の併用
	工事の工程の順序	□上の工程における①→②→③→④の順序 □その他（　　　　　　　　　　　　　　　　　　） その他の場合の理由（　　　　　　　　　　　　）	

建築物に用いられた建設資材の量の見込み※	トン		

廃棄物発生見込量	特定建設資材廃棄物の種類ごとの量の見込み及びその発生が見込まれる建築物の部分	種類	量の見込み	発生が見込まれる部分（注）
		□コンクリート塊	トン	□①　□②　□③　□④ □⑤
		□アスファルト・コンクリート塊	トン	□①　□②　□③　□④ □⑤
		□建設発生木材	トン	□①　□②　□③　□④ □⑤
	（注）　①建築設備・内装材等　②屋根ふき材　③外装材・上部構造部分　④基礎・基礎ぐい　⑤その他			

備考	

※以外の事項は法第9条第2項の基準に適合するものでなければなりません。
□欄には、該当箇所に「レ」を付すこと。

別表2

建築物に係る新築工事等（新築・増築・修繕・模様替）

分別解体等の計画等

使用する特定建設資材の種類※	□コンクリート　□コンクリート及び鉄から成る建設資材 □アスファルト・コンクリート　□木材	
建築物に関する調査の結果	建築物の状況	
	周辺状況	
	作業場所の状況	
	搬出経路の状況	
	付着物の有無（修繕・模様替工事のみ）	
	その他 （　　　　　　）	
工事着手前に実施する措置の内容	作業場所の確保	
	搬出経路の確保	
	その他 （　　　　　　）	

工事着手の時期※	平成　　年　　月　　日

工程ごとの作業内容	工程	作業内容	
	①造成等	造成等の工事	□有　□無
	②基礎・基礎ぐい	基礎・基礎ぐいの工事	□有　□無
	③上部構造部分・外装	上部構造部分・外装の工事	□有　□無
	④屋根	屋根の工事	□有　□無
	⑤建築設備・内装等	建築設備・内装等の工事	□有　□無
	⑥その他 （　　　　　）	その他の工事	□有　□無

廃棄物発生見込量	特定建設資材廃棄物の種類ごとの量の見込み並びに特定建設資材が使用される建築物の部分及び特定建設資材廃棄物の発生が見込まれる建築物の部分	種類	量の見込み	発生が見込まれる部分又は使用する部分（注）
		□コンクリート塊	トン	□①　□②　□③　□④ □⑤　□⑥
		□アスファルト・コンクリート塊	トン	□①　□②　□③　□④ □⑤　□⑥
		□建設発生木材	トン	□①　□②　□③　□④ □⑤　□⑥
（注）　①造成等　②基礎　③上部構造部分・外装　④屋根　⑤建築設備・内装等　⑥その他				
備考				

※以外の事項は法第9条第2項の基準に適合するものでなければなりません。
□欄には、該当箇所に「レ」を付すこと。

建築物以外のものに係る解体工事又は新築工事等（土木工事等）

分別解体等の計画等

工作物の構造 （解体工事のみ）※	□鉄筋コンクリート造 □その他（　　　　　　　　　　　　　）		
工 事 の 種 類	□新築工事 □維持・修繕工事 □解体工事 □電気 □水道 □ガス □下水道 □鉄道 □電話 □その他（　　　　　　　　　　　　　　　　　　　）		
使用する特定建設資材の種類 （新築・維持・修繕工事のみ）※	□コンクリート □コンクリート及び鉄から成る建設資材 □アスファルト・コンクリート □木材		
工作物に関する 調 査 の 結 果	工作物の状況		
	周辺状況		
	作業場所の状況		
	搬出経路の状況		
	付着物の有無（解体・ 維持・修繕工事のみ）		
	その他 （　　　　　　）		
工事着手前に実施 する措置の内容	作業場所の確保		
	搬出経路の確保		
	その他 （　　　　　　）		

工事着手の時期※	平成　　年　　月　　日

	工程	作業内容	分別解体等の方法 （解体工事のみ）
工程ごとの作業内容及び解体方法	①仮設	仮設工事　□有 □無	□ 手作業 □ 手作業・機械作業の併用
	②土工	土工事　□有 □無	□ 手作業 □ 手作業・機械作業の併用
	③基礎	基礎工事　□有 □無	□ 手作業 □ 手作業・機械作業の併用
	④本体構造	本体構造の工事　□有 □無	□ 手作業 □ 手作業・機械作業の併用
	⑤本体付属品	本体付属品の工事　□有 □無	□ 手作業 □ 手作業・機械作業の併用
	⑥その他 （　　　）	その他の工事　□有 □無	□ 手作業 □ 手作業・機械作業の併用

工事の工程の順序 （解体工事のみ）	□上の工程における⑤→④→③の順序 □その他（　　　　　　　　　　　　　　　　　　　） その他の場合の理由（　　　　　　　　　　　　　　　）

工作物に用いられた建設資材の 量の見込み（解体工事のみ）※	トン

廃棄物発生見込量	特定建設資材廃棄物の種類ごとの量の見込み（全工事）並びに特定建設資材が使用される工作物の部分（新築・維持・修繕工事のみ）及び特定建設資材廃棄物の発生が見込まれる工作物の部分（維持・修繕・解体工事のみ）	種類	量の見込み	発生が見込まれる部分 又は使用する部分（注）
		□コンクリート塊	トン	□① □② □③ □④ □⑤ □⑥
		□アスファルト・コンクリート塊	トン	□① □② □③ □④ □⑤ □⑥
		□建設発生木材	トン	□① □② □③ □④ □⑤ □⑥

（注）　①仮設　②土工　③基礎　④本体構造　⑤本体付属品　⑥その他
備考

※以外の事項は法第9条第2項の基準に適合するものでなければなりません。
□欄には、該当箇所に「レ」を付すこと。

公共建築改修工事標準仕様書
（電気設備工事編）
令和4年版

令和4年5月30日　第1版第1刷発行
令和4年12月1日　第1版第2刷発行
令和5年3月15日　第1版第3刷発行
令和6年2月28日　第1版第4刷発行

検印省略

定価2,750円（税込）　送料実費

監　修　国土交通省大臣官房官庁営繕部
編　集
発　行　一般財団法人　建築保全センター
　　　　〒104-0033
　　　　東京都中央区新川1-24-8
　　　　電　話　03（3553）0070
　　　　ＦＡＸ　03（3553）6767
　　　　https://www.bmmc.or.jp/

この印刷物は環境にやさしい植物油
インキを使用しております。